# 閩海烽煙

## 明代福建海防之探索

何孟興　著

蘭臺出版社

# 目 錄

# 自　　　序

明帝國的東南沿海，有些時候是不平靜的，……例如早在明初洪武年間，便有元末群雄餘黨勾結倭人騷擾沿岸的問題，為此，洪武帝還曾在兩浙、福建大事擘建海防，以備敵倭來犯。接下來，到了明代中葉嘉靖時，東南又爆發了大規模的倭寇之亂，荼毒沿海十數年，百姓苦不堪言！然而，倭亂平定後，不到三十年的時間，萬曆年間又因日本先後出兵進攻朝鮮、侵犯琉球、南窺臺灣，……致使東南情勢數度地告警！接著天啟之後，又有本土海盜猖獗、荷蘭人求市騷擾等問題，困擾著明政府和沿海的民眾。其中，值得注意的是，在抵禦上述一波波外侮的過程中，位處東南沿海的福建，因地理位置的關係，常在其中扮演著重要的角色，其原因主要在於該地東臨大海，北鄰江、浙，南接廣東，戰略位置重要，加上，它的地形又西北負山，東南濱海，海岸線綿長，船帆由海上入境甚為便捷。因此，大海不僅與福建關係十分密切，同時，還直接牽動到地方之安危。所以，海防工作執行優劣與否，攸關福建百姓福祉甚深，此一道理不言可喻，清時刊印的《防守江海要略》曾語：「海在福建，為至切之患」，即是一明證。

因為，筆者對明代福建海防問題甚感興趣，常利用平日授課餘暇對此問題進行探討，十多年來時將自己摸索的心得投稿在國內學術刊物上，而此次出版的《閩海烽煙—明代福建海防之探索》，即是個人先前所發表文章的結集，書中所收錄者，除了〈從《熱蘭遮城日誌》看荷蘭人在閩海的活動（1624-1630年）〉一文，係探究荷人在福建海域活動的經過及其特質外，其餘的幾篇論文－－〈明嘉靖年間閩海賊巢浯嶼島〉、〈海壇遊兵：一個明代閩海水師基地遷徙的觀察〉、〈明代福州海防要地「竿塘山」之研究（1368-1456年）〉和〈海門鎖鑰：明代金門海防要地「料羅」之研究（1368-1566）〉，它所論述內容的主題地點，皆關係福建沿海安全甚深的兵防要地，包括有浯嶼、海壇（今日平潭島）、竿塘山（今日馬祖南、北竿島）和金門島上的料羅，例如料羅即位處金門東南海角凸出處，且地居九龍江出海口的外側，不僅是明人對抗敵寇進犯泉、漳二府的兵防重地，同時，亦是明政府官軍東進大海的前哨基地。至於，〈明代海防指導者方鳴謙之初探〉一文，則是對洪武帝海防政策影響頗大的方鳴謙個人事蹟之探索，雖然該文並非專涉閩地，但因方的海防思維影響洪武帝對明代福建海防的擘造甚為深遠，清人陳壽祺《福建通志》便嘗言道：「鳴謙數語，實發其端為海防要策也」，故將其收入本論文集中，以供讀者參考。

其次是，本次結集出版的文章發表至今，多數都已有些時日，筆者利用此次專書問世的寶貴機會，重新去審視過去的作品，並加入近期的研究心得——亦即對部分文章內容進行些許的調整，包括增加相關照片和示意地圖，修正文中不當贅詞、標點和文句敘述，補入漏列的註釋和頁次，調整部分文章的註釋呈現方式，以及對其他誤謬不足處進行補充更動，期使本書所呈現出來的內容，能夠較前在論文發表時來得周延和完整。最後，因為不同的學術刊物在格式上有些許差異，今為使本書讀者方便閱覽，遂將各文的章節序號加以統一，其依次為一、1……。至於，書中的內容若有偏頗或缺失不足之處，還請讀者批評指正之。

**何 孟 興** 于臺中・霧峰

朝陽科技大學通識教育中心

# 導　　論

海在福建，為至切之患。

—清·《防守江海要略》卷下〈閩海〉

清人藍鼎元曾言道：「宇內東南諸省，皆濱海形勢之雄，以閩為最。上撐江（蘇）、浙（江），下控百粵，西距萬山，東拊諸彝，固中原一大屏翰。……自海入閩，則上起烽火門，下訖南澳，中間閩安、海壇、金門、廈門、銅山，無處不可入也。」[1]因為，由海上前往福建，到處皆可入，從海道進犯的敵人，可

[1] 藍鼎元，《鹿洲全集·鹿洲初集》（廈門市：廈門大學出版社，1995年），卷12，〈福建全省總圖說〉，頁238。文中的烽火門島，地處福寧州海中。南澳島位在閩、粵交界處，閩安鎮係福州省城出入門戶，海壇島為福州海中大島，金門、廈門扼控九龍江河口，銅山島則在漳州，以上諸處皆為海防要地。明代時，曾在金、廈二島設立守禦千戶所，閩安鎮則置有巡檢司，又在烽火門、廈門和銅山設立水寨，南澳、海壇二島則設有遊兵，用以保衛邊海安全。另外，筆者為使文章前後語意更為清晰，有時會在正文引用句中「」加入文字，並用（）加

稱是福建邊防最大之威脅，上文中的「海在福建，為至切之患」，[2]即指此。由此亦可知，海防是福建邊防工作的首要之務，因為，海防若出現問題，福建便不得安寧。至於，福建完整海防體系的建構，則起源於明初開國後不久，因沿海遭到倭寇的侵擾，洪武帝命令江夏侯周德興南下福建擘建海防工作，時間是在太祖洪武二十年（1387）。此際，明政府福建海防計劃的構思，大致分成兩大部分－－即海禁政策的實施，以及海防設施的擘建。其中，例如「洪武初，禁民不得私出海」，[3]以及將沿海島民強制遷回內地的「墟地徙民」措施，[4]則屬海禁政策的一部分；至於，海防設施的擘建，包括如按籍抽丁、移置衛所、增設巡檢司、練兵築城和設立水寨……等一連串相關措施的推動。[5]上

以括圈。例如，文中「上撐江（蘇）、浙（江）……」，特此說明。

2 天龍長城文化藝術公司編，《海疆史志第23冊・防守江海要略》（北京市：全國圖書館文獻縮微複制中心，2005年），卷下〈閩海〉，頁117。

3 懷蔭布，《泉州府誌》（臺南市：登文印刷局，1964年），卷之25，〈海防・明〉，頁4。

4 明政府透過強制遷徙沿海島民的手段，藉此以達到徹底摧毀海中的島嶼－－做為私通倭寇的基地，藏匿海盜、私販的窟穴，以及提供物質、訊息等多重角色。不僅如此，福建「墟地徙民」措施的推動是全面性，實施的對象，不僅只有瀕海地區和近海島嶼而已，連海外的澎湖亦在其中。

5 洪武二十年，周德興於抵達福建後，所推動的海防措施，包括有強制濱海的福州、興化、漳州和泉州四府百姓民戶，要求每戶有男丁三人抽一編入軍籍，共徵得丁壯一五,〇〇〇餘人，充任沿海軍衛和千戶所的戍兵。同時，周又在相視沿海地理形勢後，移置原有衛、所至兵防要害之處，並且，築造十六座的堡城和設置四十五處的巡檢司。此外，他又在沿海岸島上設立水師的兵船基地－－「水寨」，藉由水寨兵船負責海中巡防，和陸地岸上的衛、所、巡檢司軍兵相為

述的海禁政策和海防設施，在福建沿海如火如荼地展開，目的只有一個，便是如何有效扼阻倭寇侵擾，明人曹學佺在〈海防志〉中嘗稱：「閩有海防，以禦倭也」，[6]此語便一針見血地道出，福建海防佈署之源由所在。

自洪武帝銳意防倭，周德興南下擘建兵防後，曾為明代前期的福建，帶來了安定寧謐、海波不驚的景象。然而，卻在經過不到五十年，隨著政局昇平日久，福建的防務卻逐步鬆懈，人心怠玩、軍備廢弛等缺失現象，在英宗正統（1436-1449）年間便已尋常可見，[7]……。然而，時間繼續地推移，情況並未有特別地改善，至西元一五〇〇年以後，更因明國力漸趨地衰退，對邊海控制力亦減弱不少，故在接下來的近一百五十的時間裏，敵人接連地由海上侵入福建，在沿海地區進行包括窺探、走私、騷擾、劫掠甚至佔據土地的活動。這些的外敵，包括有前來進行劫掠或走私的倭寇，要求直接互市或進行走私的葡萄牙人和荷蘭人，中國本土的海盜、私販（即走私者），以及明政府視為主要潛在敵人的日本統治者等。他們讓人印象較深刻的重要事跡，大致如下。首先是，本土的私販勾結倭人，由海商變成海盜，劫掠沿海百姓財貨，演成了世宗嘉靖（1522-1566）

表裏，形成陸地和海中的兩道防線，共同肩負福建海防的重責大任。

6 懷蔭布，《泉州府誌》，卷25，〈海防・明・附載〉，頁10。

7 相關之記載，請參見中央研究院歷史語言研究所校，《明實錄》（臺北市：中央研究院歷史語言研究所，1962年），〈明英宗實錄〉，卷106和，頁6；同前，卷126，頁3。

中晚期的倭寇之亂，荼毒東南沿海十數年……。接著，便是神宗萬曆二十年（1592）時，日本幕府豐臣秀吉大舉進犯朝鮮，明政府派軍赴援，爆發了中日朝鮮之役，明政府因恐倭軍聲東擊西，由海上襲擊東南諸省，福建的局勢隨之告警……。到了萬曆（1573-1620）中晚期以後，日本又不僅出兵控制琉球，並且，還派人南下窺視臺灣，又再度讓閩海情勢緊張起來……。除此之外，來自西方、船巨砲利的荷蘭人，為尋求直接互市的據點，亦派遣船艦來到福建，且分別於萬曆三十二年（1604）以及熹宗天啟二（1622）至四（1624）年間，兩度佔領了澎湖，尤其是後者，亦即荷人據澎築城兩年影響之下，還造成福建海上航路不通、米價騰貴翻漲、百姓驚恐不安……等嚴重的後果。之後，天啟（1621-1627）、思宗崇禎（1628-1644）年間，又有本土海盜漸趨猖獗的問題，[8]其中較著名有鄭芝龍、楊祿兄弟、李魁奇、鍾斌和劉香等人，他們走私買賣，劫掠財貨，荼毒沿海民眾，為此，還曾迫使明政府招撫鄭芝龍，甚至利用他去對付其餘的海盜……。雖然，上述的這些事件，造成的原因各有不同，包括實施海禁所衍生出的一連串問題（例如外人渴望獲取中國的貨物，因貨物供需失衡引發的走私猖獗，或外國期盼在中國港市進行直接的貿易活動……等。），日本統治者海外經

---

8 為何天啟、崇禎年間閩海盜賊如此地昌盛蔓延？它的原因十分地複雜，包括有內政的敗壞，米價的騰貴，個人的利慾薰心，以及海禁漸趨嚴格、濱海民眾生理無路……等諸多因素所導致的結果，請參見張增信，《明季東南中國的海上活動（上）》（臺北市：中國學術著作獎助委員會，1988 年），頁 126-128。

略發展的影響，或是福建地區經濟惡化、百姓鋌而走險，……等，但確定的是，這些的問題於上述百餘年間，如浪潮般一波波地湧進福建沿海，讓明政府疲於奔命、頭疼不已！

另外，有關上述明政府和海上入侵者對抗的過程中，吾人亦可以發現到，今日臺灣海峽常是雙方角力的競技場，澎湖更是彼此決定勝負的重要場域。為此，筆者曾以明代澎湖兵防變遷的過程，撰文〈挑戰與回應：明代澎湖兵防變遷始末之省思〉來探討此一現象，並且，在上文中指出，有明一代福建海防的變遷過程，宛如是一場守門者與叩門者的馬拉松式競賽。其中，明政府就是守門者，而倭人、海盜、私販、葡人和荷人等則扮演叩門者的角色，亦因上述的叩門者如接力賽式、不斷地由海上，前來挑戰實施海禁、閉關自守的明帝國，讓守門者的明政府窮於應付、左支右絀，而叩門者接二連三前來中國門口活動（包括窺探、走私、騷擾、劫掠或霸佔土地），此一問題，卻是明帝國無法逃避，而必須去面對解決的，明帝國心雖不甘，卻亦無可奈何！因為，明帝國無法阻止外來者的野心、企盼和侵犯，而此一現象，即筆者所認為的－－「時代的巨流，往往是擋不住」，明帝國是難以抵擋上述這些外來者對它種種的想望和覬覦！然而，亦因明人自身閉關自守、自給自足的主觀企望，與叩門者渴望於中國處謀求利益的想法是大相逕庭的，而明政府為了要保護自身的利益，亦不得不去回應倭、盜、販、夷等外來者的挑戰，如此情況之下，叩門者的「挑戰」和守門者的「回應」，便構成了明代福建海防發展過程的主軸；同時，守門者亦因無法阻擋叩門者對它的侵犯和圖謀，並在它無奈且苦惱地對抗敵人侵擾下，不知覺地被它的敵人牽著鼻子，由沿岸地帶一步步地走入了大海，[9]……海中的澎湖卻變成了前線，連其旁側的臺灣，亦出現在它的防線視野中！

以上所述的內容，便是筆者近十餘年來，探索明代福建海防問題的部分粗略心得。至於，本論文集的部分，筆者曾在序中提及，共收錄有〈從《熱蘭遮城日誌》看荷蘭人在閩海的活動（1624–1630年）〉、〈明嘉靖年間閩海賊巢浯嶼島〉、〈海壇遊兵：一個明代閩海水師基地遷徙的觀察〉、〈明代福州海防要地「竿塘山」之研究（1368-1456年）〉和〈海門鎖鑰：明代金門海防要地「料羅」之研究（1368-1566）〉和〈明代海防指導者方鳴謙之初探〉等六篇文章，其中有四篇論述內容的主題地點，包括有浯嶼、海壇、竿塘山和金門的料羅等，皆是關係福建沿海安全甚深的戰略要地。另外，有一篇是探討荷人在福建海域活動的情形，另一篇則是對擘建明代福建海防影響深遠的人物——方鳴謙個人事蹟之探討。上述各篇的主題雖有不同，但其內容皆是探討明代福建海防相關之問題，希望透過這些不同面向的問題之探索，嘗試勾勒出當年福建海防的樣貌，企圖去重建當年的歷史場景，並對其歷史發展的源由及其背後的意義進行推理和論述。另外，要附帶一提的是，前兩篇文章〈從《熱

9 以上的內容，請參見何孟興，〈挑戰與回應：明代澎湖兵防變遷始末之省思（一）〉，《硓𥑮石：澎湖縣政府文化局季刊》第72期（2013年9月），頁110-112。

蘭遮城日誌》看荷蘭人在閩海的活動（1624–1630 年）〉和〈明嘉靖年間閩海賊巢浯嶼島〉是筆者十多年前開始探索明代海防問題的源頭由來，故發表的時間亦最早；至於，接下來的〈海壇遊兵：一個明代閩海水師基地遷徙的觀察〉、〈明代福州海防要地「竿塘山」之研究（1368-1456 年）〉……等四篇論文，則是個人摸索明代海防陸續所獲得的一些看法。上述六篇文章探討之心得，同時亦是本文前述三段內容見解形成的重要元素之一。接下來，筆者便將這些文章的內容，做一扼要的陳述，讓讀者在閱讀本書前先有一個具體的輪廓。

首先是，〈從《熱蘭遮城日誌》看荷蘭人在閩海的活動（1624–1630 年）〉。該文主要是對荷人嘗試打開中國自由貿易之門，在福建海域（以下簡稱為閩海）活動之經過及其得失情形所做的探索，研究時間斷限起自西元一六二四年（天啟四年）迄至三〇年（崇禎三年），前後共七年。此一期間，荷人不僅介入鄭芝龍及其手下李魁奇之間的紛爭，並意圖「挾兩端」從中謀取利益，然而，狡猾的鄭亦非省油的燈，他以通商貿易做餌來誘使荷人出兵相助，幫忙消滅對手李魁奇。吾人若觀察此次李魁奇由叛變到被殲滅的過程，即可清楚看出，荷人在閩海地區活動「唯利是圖」、「觀風向」的特質取向，但是，其作為成效卻不如其自身所預期的。因為，事後的鄭便對先前所做的承諾，用各種理由加以回絕或打了折扣，致使荷人大部分的期望都落空。

其次是，〈明嘉靖年間閩海賊巢浯嶼島〉。浯嶼，位處九龍江河口外緣，泉、漳二府交界的海中，係廈門、同安、海澄等地的海上門戶，戰略地位十分重要，故早在明初洪武（1368-1398）時便在此設立水師兵船基地——水寨，是福建海防的重鎮之一。後來，明政府不深思前人設水寨於浯嶼的意涵，卻將水寨遷入廈門，此一放棄浯嶼不智的舉動，是造成嘉靖年間海盜盤據浯嶼為巢窟的先決條件，而擁有優越的地理特質，則是浯嶼誘引海盜前來巢據的另一項條件。另外，做為海盜巢窟的浯嶼，和其他幾個海島的賊巢相似，除擁有地形和位置上的特殊優點外，棲巢在閩海離島時的海盜，除對巢窟周遭保持高度的警戒，經常維持人員「一半在巢，一半在船」的狀態，來分攤其風險，避免人員全軍覆沒之可能。不僅如此，海盜也會在鄰近地區挑選合適的地點，以供其轉進或逃竄之用，而如此地點常不止一處，用「三窟狡兔」來形容這些海盜，應該是貼切的。

又次是，〈海壇遊兵：一個明代閩海水師基地遷徙的觀察〉。海壇島，位處福州府海中，是福州省城南面海上的門戶。海壇遊兵，設於穆宗隆慶四年（1572 年），目的在鞏固省城的南面藩籬，並填補內遷後南日水寨所遺留的海防空隙，扮演昔時水寨設在近海島中「據險伺敵」的角色，而它的母港基地曾數度地遷移地點——即隆慶時初設在鎮東衛城，至萬曆中期西遷至海壇島上，之後又回遷鎮東衛，崇禎時又再北遷至松下鎮，它整個變遷的過程，在時間上幾乎跨越明代的中後期，前後長達七十年之久。海壇遊兵，是觀察明代中後期福建海防變遷過程的一面鏡子，吾人可透過海壇遊兵母港基地數度遷移的過程，去認識福建地方當局海防決策的取向，以及當時官民心態的變化經過。

更次是，〈明代福州海防要地「竿塘山」之研究（1368-1456年）〉。竿塘山，即今日福建省連江縣馬祖列島的南、北竿二島。因為，該地位處福州府閩江口外海中，係外敵進犯福州城要衝之地，為此，洪武初年便設埠寨於上竿塘，然至二十年（1387）時為對抗倭患，便實施墟地徙民，撤除了埠寨，並將上、下竿塘島民全數遷回內地，同時，明政府為加強保衛福州城，又在閩江河口兩側部署鎮東衛以及定海、梅花守禦千戶所，之後，又在閩江口外北岸設立兵船基地－－小埕水寨，而竿塘山便是其最重要的哨防地點；亦因小埕水寨兵船基地的建立，加上先前福卅城附近陸岸上所構築的衛、所兵力，水、陸兵力的相互援引配合，使得自然條件頗受大海和地形制約的福州城，在安全上得到較堅固的保障。

再次是，〈海門鎖鑰：明代金門海防要地「料羅」之研究（1368-1566）〉。金門是泉州海上重要的門戶，而位處金門東南海角的料羅，自南宋以來一直是泉州重要的海防據點，明代泉州水師基地－－浯嶼水寨春、冬汛期防寇入犯的兵船，便是長期以料羅做為備禦要地。料羅，不僅是泉州船舶出入的海上門戶，更是泉、漳禦敵入犯的海防重地，亦是明政府東進大海的前哨基地；而更重要的是，汛期時戍防該地的浯嶼水寨兵船，不僅和陸岸上的金門守禦千戶所軍力互為唇齒、分制海陸，保障金門島上軍民的安全。同時，亦因料羅兵船海上的汛防，讓島上的官澳、田浦、峯上和陳坑巡檢司在勤務的執行及其堡城的安危上，獲得更有力的護持。然而，亦因料羅在海防上具舉足輕重的地位，嘉靖三十九年（1560）時，倭寇登岸金門屠戮百姓，便源自於料羅的失守，而料羅失守問題又出在守將的失職偷安。倭亂底定後，便有人以浯嶼水寨基地的廈門避處內澳，難以掌握海上動態，建議將其改遷至料羅用以坐鎮禦寇，非僅汛期屯戍該地而已，但是，此議最後還是未被明政府所採納而胎死腹中。

最後是，〈明代海防指導者方鳴謙之初探〉。方鳴謙，浙江台州人，元末群雄方國珍的姪子，隨其父伯降於朱元璋，日後被收編成為明軍衛所的將領。明初時，因倭寇為患沿海，洪武帝一開始僅遣將率船出海巡捕而已，並無一套完整的海防佈署計劃，直至召來方鳴謙詢問對策後，才有了重大的改變。方所提出的海防的主張，其戰略思惟的主要核心是「倭自海上來，則在海上備禦之」，就是對付倭寇佈防重點應在「海上」而非「陸地」，主張於岸上佈署軍衛、千戶所和巡檢司，海中佈署水寨和兵船，亦即在「海上」構築一道的防線，來迎擊由「海上」入犯的倭人；另外，並建議徵調民戶四丁者出一人納入軍籍，用以屯守新設的衛、所及其堡城，做為海防兵力的主要來源，亦因沿海的衛、所、巡司、水寨兵船錯落遍佈，讓倭寇無法隨意登岸劫掠，如此即可達到「倭不得入海門，入亦不得傅岸」的海防主要目標。方上述的主張，洪武帝深表贊同，且決意付諸實施，遂派遣信國公湯和與江夏侯周德興二人，根據此一主張，各自往赴兩浙和福建的邊海推行之，而方本人亦隨湯和前往兩浙沿海，協助其擘建海防的工作。今日民間還流傳著，方指揮兩浙百姓建造金山、乍浦、柘林……等堡城的故事，而且，方死後還升格為神明，成為金山衛的城隍爺——「方大老爺」，是附近民眾追思膜拜的對象。

# 從《熱蘭遮城日誌》看荷蘭人在閩海的活動（1624-1630年）*

## 前　　言

近來，臺灣歷史學界有件令人振奮的事，就是旅荷學者江樹生先生將荷蘭人當年在大員政治中心熱蘭遮（Zeelandia）城（其遺址位在今日臺南安平古堡附近），所撰寫的日誌－－《熱蘭遮城日誌》中的第一冊已經譯註成中文，交由臺南市政府文化局來發行。《熱蘭遮城日誌》，內容主要是記載當年荷蘭東印度公司的人員如何通商中國，如何開始殖民臺灣的活動，以及

---

* 本文於2001年9月30日發表於《臺灣文獻》第52卷第3期時，文中並未有任何的附圖，而且，所有的註釋係放置於文末後處。今為使讀者能對本文內容有更深刻的瞭解，筆者特別增加編製了六幅附圖，以供讀者閱讀時的參考。另外，為使本文符合目前學術刊物內容編排之慣例，除將原有註釋改以隨頁方式呈現外，同時，亦將註釋內容敘述方式做了些許調整，以方便讀者瀏覽，特此說明。

與他們關係密切的事務與人事，旁及他們所見聞的各地情勢、地理、物產與習俗等。[1]此部珍貴史料的第一冊，內容是從西元一六二九年十月記載到一六四一年一月，對於後人在瞭解這段歷史時，提供了莫大的幫助。因此，筆者想以《熱蘭遮城日誌》第一冊的內容，做為本文主要的史料依據。其次，並配合先前出版的荷人另一史料《巴達維亞城日記》，[2]然後，再參照明代的相關史料文獻，嘗試對西元一六二四（明熹宗天啟四年）到三〇（明思宗崇禎三年）年間，荷人嘗試為打開與中國自由貿易之門，在福建海域（以下簡稱為閩海）活動的目標和策略，以及它的經過和得失的情形，做一的評價與分析。

---

1 荷文本《熱蘭遮城日誌》（De Dagregisters Van Het Kasteel Zeelandia，Taiwan，1629-1662）共分編成四冊，目前江樹生教授已譯註完成並出版的，即是它的第一冊。第一冊記載的時間斷限，是從西元 1629 年 10 月 1 日起至 1641 年 1 月 25 日為止。內容主要是荷蘭人在中國沿海處理事務，以及在大員商館辦公室所寫的日誌摘錄。請參見江樹生譯註，《熱蘭遮城日誌（第一冊）》（臺南市：臺南市政府，2000 年），〈譯者序〉，頁 3。本書已於 2000 年元月，由臺南市政府出版。

2 中文版《巴達維亞城日記》，共編有三冊，係根據日本學者村上直次郎將荷文本摘譯《巴達維亞城日誌》（上）（中）（下）三卷譯註成日文而來的。前二冊已由郭輝轉譯成中文，王詩琅和王世慶校訂，1970 年 6 月由臺灣省文獻委員會印行；第三冊則由日本學者中村孝志做日文校註，程大學中譯，1991 年 9 月由眾文圖書公司印行。請參見村上直次郎日文譯注、程大學中譯，《巴達維亞城日記》（臺北市：眾文圖書公司，1991 年），〈中譯版刊行緣由〉，頁 2。

## 一、荷人爲何在閩海活動？

西元一六二四年（天啟四年）八月三日這一天，荷蘭艦隊司令官 Cornelis Reyersen 的接任者 Martinus Sonck 來到了澎湖。Sonck 他所看到的，就是蓋在澎湖廟灣（Kerkbaai）南岬亦即今日風櫃尾上的荷人碉堡（附圖一：澎湖風櫃尾荷蘭堡壘遺址今貌。），[3]已經被一萬名中國的軍隊團團圍住。[4]面對如此情況，Sonck 決定不再用武力對抗，就在同月二十五日接納明福

---

[3] 荷人此一碉堡，位在澎湖本島（又稱馬公島或大山嶼）西南角的風櫃尾半島上，由司令官 Cornelis Reyersen 於 1622 年 8 起開始建造的，1624 年 8 月底荷人拆毀後撤離。經過五年多後，到了 1629 年 12 月 8 日，當時的臺灣長官 Hans Putmans，曾率領隨從遊歷此一荒廢的堡壘。見村上直次郎原譯、郭輝中譯，《巴達維亞城日記（第一冊）》（臺北市：臺灣省文獻委員會，1970 年），〈序說〉，頁 12；江樹生譯註，《熱蘭遮城日誌（第一冊）》，頁 7。

[4] 上文中的「已經被一萬名中國的軍隊團團圍住」，是荷人的說法（請參見江樹生譯註，《熱蘭遮城日誌（第一冊）》，〈熱蘭遮城日誌第一冊荷文本原序〉，頁 11。）。至於，中國軍隊確切人數究竟是多少？根據明代史料的記載，此際，渡海赴澎的明軍，人數約在 3,000 餘人左右。有關此，載於天啟四年六月福建巡撫南居益的題疏中，其文如下：「先是臣[即閩撫南居益]與總兵官謝弘儀計擒夷首新高文律，而焚殺其黨也。於時俞將[即南路副總兵俞咨皐]當拜命受事之初，即倜然登陣冒矢石指授，臣甚壯之。隨以臣所調集官兵三千有餘，盡以付之該將之手，仍聽謝總兵節制。……今三千官兵後先相繼，盡已渡彭。其初次、二次皆領以把總等官列營島中，猶屬前茅嚆矢；三次則（俞）咨皐親自統領，以臣標下水標遊擊劉應寵副之，咸以遵臣令也」。見兵部尚書趙彥（等），〈為舟師連渡賊勢漸窮壁壘初營汛島垂復懇乞聖明稍重將權以收全勝事〉，收入臺灣史料集成編輯委員會編，《明清臺灣檔案彙編》（臺北市：遠流出版社，2004 年），第一輯第一冊，頁 223。附帶說明的是，本文發表於《臺灣文獻》第 52 卷第 3 期時，並無此條註釋，今為使讀者比對中、荷不同的說法，本論文集特別補入上述的內容。

建當局的要求，無條件地撤離該堡壘，並於隔日開始拆毀這個建造已兩年的堡壘。在中荷雙方折衝過程中，荷人最在意的，亦就是 Sonck 試圖要從中國人這邊取得荷人得以在鄰近的福爾摩沙，即今日臺灣與中國沿岸市鎮間自由貿易的承諾，但是卻未能如願。當時中國軍隊指揮官即南路副總兵的俞咨皋，[5]他僅聲稱，願將把這意見再次轉達給福建巡撫南居益。[6]不久之後，Sonck 亦帶領荷人離開澎湖航行前往臺灣南部，隨後並在大員灣（即今日臺南安平一帶）入口南邊的沙洲上，建造了名為「熱蘭遮」（Zeelandia）的新堡壘（附圖二：安平古堡文物陳列館內的熱蘭遮城復原圖；附圖三：熱蘭遮城遺址牆垣今貌。），[7]以

---

5 俞咨皋，泉州晉江人，抗倭名將俞大猷之子，襲泉州衛指揮僉事。天啟四年逐荷復澎之役時，擔任福建南路副總兵；之後，因收復澎湖有功，陞任為總兵官。本文發表於《臺灣文獻》第 52 卷第 3 期時，亦無此條註釋，今補充相關內容，以供讀者參考。

6 請參見江樹生譯註，《熱蘭遮城日誌（第一冊）》，〈熱蘭遮城日誌第一冊荷文本原序〉，頁 11。當時，率兵赴澎征伐荷的實際作戰工作，是由當時的福建南路副總兵俞咨皋負責，文中的「軍隊指揮官」當指俞本人。請參見臺灣銀行經濟研究室編，《明季荷蘭人侵據彭湖殘檔》（南投縣：臺灣省文獻委員會，1997 年），〈彭湖平夷功次殘稿（二）〉，頁 16。另外，《巴達維亞日記（第一冊）》亦詳載，在荷人被明軍包圍的期間，中國人甲必丹即華僑頭人，經由他由日本赴大員再往澎湖，出面居間調停中荷的衝突，以扭轉僵局。也因為他的協調，荷人得到俞咨皋的口頭承諾－荷在臺窩灣（即大員 Tayouan，今日臺南安平）及巴達維亞（Batavia，今日印尼雅加達）的永久自由貿易，並未提及中國包括澎湖在內的福建沿海地區的自由貿易權力。見該書，頁 45-47。而上述的中國人甲必丹，則是指旅日私販首領李旦。請參見蘇同炳，《明史偶筆（修訂版）》（臺北市：臺灣商務印書館，1995 年），〈李旦與鄭芝龍〉，頁 227。

7 此堡壘的原處，司令官 Cornelis Reyersen 早在西元 1623 年便派人用砂和竹子在此

做為跟中國貿易打交道的基地，繼續為荷蘭「渴望取得（直接）與中國（沿海地區市鎮）的自由貿易」的目標而做努力。[8]

西元一六二九年（崇禎二年），Hans Putmans 被任命為駐地在熱蘭遮堡壘的荷蘭東印度公司臺灣長官。[9]Putmans 這位在《東印度事務報告》中被描述成「細心、能幹、勤勉的公司職員」，同時亦被認為是荷蘭東印度公司歷來駐任臺灣當中最能幹的一位長官。[10]而此時，Putmans 的上任，肩負著「矯正並改善荷蘭東印度公司在中國海艱困的處境」的重大使命。[11]因為，在荷

---

建造防禦工事。荷人的「熱蘭遮」(Zeelandia)堡，起先是稱為「奧良耶」(Oranje)，後改稱為「普羅岷西亞」(Provintia)，最後又改用「熱蘭遮」(Zeelandia)，來稱呼大員的這個城堡和鄰旁的市鎮。至於，「普羅岷西亞」(Provintia) 這名稱，荷人日後又用來稱呼另一座位在今日臺南赤崁樓處的新建堡壘。請參見江樹生譯註，《熱蘭遮城日誌（第一冊）》，〈熱蘭遮城日誌第一冊荷文本原序〉，頁 11。

8 筆者為使文章前後語意更為清晰，方便讀者閱讀起見，有時會在正文引用句中“「」”加入文字，並用“（）”加以括圈。例如，文中「渴望取得（直接）與中國……」，特此說明。

9 Hans Putmans，荷蘭 Middelburg 人，西元 1629 至 1636 年任臺灣長官並主管荷蘭東印度公司在中國沿海的事務，1633 年任東印度議會議員，1636 年年底以回國艦隊司令官歸國，1654 年去世。請參見江樹生譯註，《熱蘭遮城日誌（第一冊）》，頁 2，註 9。

10 參見程紹剛，〈導論：《東印度事務報告》中有關福爾摩莎史料〉，收入《荷蘭人在福爾摩莎》（聯經出版社，民國八十九年十月出版）一書，頁ＸＸＶ及ＸＸＶii。

11 此一亟待「矯正並改善」的處境，主要是有來自於三方面的難題困擾著荷人，即海盜在中國沿海的猖獗，西班牙人對荷的反擊佔領臺灣北部，以及因貿易條件和每年來臺貿易的日本商人磨擦，造成荷與江戶將軍府繼續升高的衝突。這些難題，是荷新任臺灣長官 Putmans 必須面對和解決的。它的詳細內容，見江樹生譯註，《熱蘭遮城日誌（第一冊）》，〈熱蘭遮城日誌第一冊荷文本原序〉，頁 12。其實，荷人上述提到的中國海盜猖獗問題，多少對它自身勾結海盜一事有

蘭東印度公司對於開闢中國貿易計劃和目標是「公司希望獲得的最重要利益，是經由跟中國政府締訂條約而使荷蘭人在福爾摩沙獲得『自由的中國貿易』。荷蘭人希望藉此方法掌握中國的貿易，擊敗在馬尼拉與澳門的敵手西班牙人和葡萄牙人，並且希望從經營中國與日本之間的貿易，每年可賺取兩百萬荷盾以上的利益」。[12]所以如何去得到明政府亦即福建當局的同意，讓雙方的船舶來往於臺灣和中國沿海市鎮之間（參見附圖四：明代福建漳泉沿海示意圖。），自由地從事經貿交易的活動，而此一正式契約的獲取是東印度公司整個努力環節的中心所在，亦是新任臺灣長官 Putmans 必須奮力達成的目標。

對荷人而言，在當時由福建沿岸經澎湖到臺灣，亦即閩海的這個廣大海域，除了明政府福建當局具有關鍵的影響力外，在海上出沒無常的海盜們亦是一股不可輕忽的勢力。如何去和明福建地方當局，以及活躍在海上的中國海盜們打交道，利用上述這兩者彼此間的矛盾、利害，以謀取最大的利益，亦是荷

---

所隱瞞。從史料中知道，荷人不僅交結中國海盜，還勾通日本倭人，彼此相互謀取利益，此一現象，早在天啟年間荷人佔領澎湖時即已存在。天啟五年四月，福建巡撫南居益所上的題本，便說道：「夫我之防倭、防通倭之姦，已若是乎不易為力矣；而又益以紅毛夷，姦人群而附之，教倭助夷，引夷附倭，夷以所得接濟漢物盡數賄倭，倭復以耽漢物之心盡力助夷，而夷與倭及海中之寇合併以成負隅之勢。……非去夷之難，去倭與寇之難也」。見李國祥、楊昶主編，《明實錄類纂（涉外史料卷）》（武漢市：武漢出版社，1991 年），〈荷蘭〉，頁 1093。

12 江樹生譯註，《熱蘭遮城日誌（第一冊）》，〈熱蘭遮城日誌第一冊荷文本原序〉，頁 12。

人實現上述「取得中國的自由貿易」目標的一種手段。撇開福建當局先不談，這群海盜當中，又以先為海盜後被明招撫的鄭芝龍最引人注目，[13]他不僅影響日後福建當局的政策方向，左右閩海海盜的生態存亡，甚至對荷人在閩海地區的發展空間，造成決定性的影響。至於，福建當局的部分，它對荷人要求自由貿易一事的立場亦十分地鮮明，它並不同意荷人比照葡萄牙人在廣東香山澳（亦即澳門）的自由貿易，希望維持舊有慣例，僅准給商引的船舶到咬𠺕吧（即今日印尼爪哇）及大泥國（位在今日泰國）等地，來和荷人交易買賣。[14]

在敘述 Putmans 如何與福建當局、海盜們打交道之前，有必要先說明西元一六二四年（天啟四年）八月底荷人離開澎湖後，到一六二九年（崇禎二年）Putmans 上任前的閩海局勢。

---

13 鄭芝龍，泉州南安人，私販、海盜出身，是天啟、崇禎年間東南海上的風雲人物。鄭，崇禎元年時接受明政府招撫成為將領，後官至福建總兵。滿洲人入關，明帝國傾覆，鄭本人對南明政權缺乏信心，遂投降清政府，並遭挾持被帶往北京，後來遭到處決。本文發表於《臺灣文獻》第 52 卷第 3 期時，無此條註釋，今補入相關內容以供參考。

14 天啟三年，福建巡撫商周祚奏稱：「紅夷……進無所掠，退無所冀，於是遣人請罪，仍復求市。蓋雖無內地互市之例，而閩商給引販咬𠺕吧者，原未嘗不與該夷交易。今計只遵舊例，給發前引原販彼地舊商，仍往咬𠺕吧市販，不許在我內地另開互市之名」。見臺灣銀行經濟研究室編，《明季荷蘭人侵據彭湖殘檔》，〈福建巡撫商周祚奏〉，頁 1。另外，清人陳壽祺《福建通志》亦載稱：「天啟三年，福建巡撫商周祚奏請遵舊例，許紅夷交易：『紅夷乃西洋荷蘭國遠夷，從來不通中國。惟閩俗每歲給引販大泥國及咬𠺕吧，紅夷就彼地轉販』。」見該書（臺北市：華文書局，1968 年），卷 267，〈明洋市〉，頁 8。

根據荷人史料的描述，大致如下：他們離澎赴臺的數個月之後，曾與中國有過一些貿易的往來，但是商品的數量規模不大，而且運輸的方式亦與荷人所期待的自由貿易相差地很遠，荷人認為，那只是一種受人操縱的貿易。上述這個說法，可由當時廈門的商人許心素（Simsou）身上獲得證實，這位曾居間為俞咨皋和旅日私販首領李旦牽線，讓李出面調解僵局，並迫使荷人離開澎湖的重要關係人，[15]便曾奉福建當局的命令帶各種商品到熱蘭遮城所在地的大員，來和荷人做交易買賣。[16]但不久後，海盜在沿海興風作浪使得中國船隻無法航往大員。為此，荷人船舶不得不違背當初所約定的，前往廈門灣載運絲貨。[17]由此可知，此時，荷人和中國商人（例如許心素）的交易買賣都是在大員進行的，而非在福建沿海的市鎮進行的。雖然，福建當局亦要求荷人遵照舊例，需留在咬𠺕吧等地和前來的中國商舶買賣交易，但因臺灣當時為化外之地，非在明政府主權管轄範圍之內。所以，中、荷雙方在大員進行有限度、受福建當局操控的買賣交易，可以視為是彼此相互妥協的一種方式。

---

15 請參見蘇同炳，《明史偶筆（修訂版）》，〈李旦與鄭芝龍〉，頁 224-230，另並請參見註 4。

16 許心素與荷人貿易期間，許曾違約未履行 1624 年應交荷人已付款的絹絲。1626 年 4 月，荷人便亦違反彼此約定，派遣兩艘船航往廈門索取絲貨。事載於村上直次郎原譯、郭輝中譯，《巴達維亞城日記（第一冊）》，1626 年 4 月 9 日條，頁 56。

17 請參見江樹生譯註，《熱蘭遮城日誌（第一冊）》，〈熱蘭遮城日誌第一冊荷文本原序〉，頁 12。

到了一六二七年（天啟七年）秋天，許心素被海盜鄭芝龍襲擊喪命。〈熱蘭遮城日誌第一冊荷文本原序〉載稱，「鄭芝龍不久前在（荷蘭東印度公司）任職，先是擔任翻譯員，後來隨荷蘭船在廈門與馬尼拉之間參與海上行劫的工作。因中國海軍無法制服他，福建巡撫乃決定招撫他和他的部下。以前的海盜（指鄭和他部下），現在奉命防海，並與荷人交易」。[18]上述的這段文字，有必要做一說明。有關福建當局招撫鄭芝龍的源由經過，時任泉州同安知縣的曹履泰，曾敘述當時的情形，稱：「丁卯[按：天啟七年]四月，鄭寇[指鄭芝龍]躪入，烽火三月，中左片地，竟為虎狼盤踞之場。七月（鄭）寇入粵中，九月間，俞（咨皋）將又勾紅夷[即荷人]擊之。夷敗而逃。鄭乘勝長驅，十二月間入中左，官兵船器，具化為烏有。全閩為之震動。而泉中鄉紳不得已而議撫」。[19]文中的「中左」，是指福建海防重鎮中左所的所在地廈門。至於，出面奏請中央招撫鄭的是當時的福建巡撫朱一馮和巡按趙胤昌，[20]一六二八年秋天，即崇禎

---

[18] 江樹生譯註，《熱蘭遮城日誌（第一冊）》，〈熱蘭遮城日誌第一冊荷文本原序〉，頁 12。

[19] 曹履泰，《靖海紀略》（臺北市：臺灣銀行，1959 年），卷 2，〈與李任明〉，頁 22。另外，《崇禎實錄》亦載稱：「海盜鄭芝龍、鍾斌破海澄，入中左所；總兵俞咨皋回郡」。見臺灣銀行經濟研究室編，《崇禎實錄》（臺北市：臺灣銀行，1971 年），天啟七年十月壬子條，頁 11。附帶一提的是，上文中出現〝[按：天啟七年]“者，係筆者所加的按語，本文以下的內容，若再出現按語，則省略如上文的〝[指鄭芝龍]“，特此說明。

[20] 請參見臺灣銀行經濟研究室編，《明實錄閩海關係史料》（南投縣：臺灣省文獻委員會，1971 年），「崇禎長編選錄」，崇禎元年七月癸亥條，頁 145。

元年九月，新任巡撫熊文燦才正式地接受鄭的請撫，熊還為此奏請中央，詔授鄭防海遊擊一職。[21]至於，在上面荷文序中，提到接受招撫任官的鄭「奉命防海，並與荷人交易」一事，有關此，上述曹履泰文中提供一個重要的訊息，即當時的總兵俞咨皋曾經聯合荷人攻打過鄭芝龍，卻被鄭所擊敗。雖然，之後俞本人亦因兵敗棄中左逃遁和勾通荷人而被明政府逮問追究，[22]而此事亦可以做如下的解釋，亦即鄭芝龍雖與荷人間關係不淺，但荷人在爭取首要利益目標－－打開中國自由貿易之門的考量下，為拉攏福建當局領導者，亦不惜和因利益結合的鄭大動干戈，而鄭亦在降明後為龐大的海上利益，盡棄前嫌地又跟荷人維持關係，並繼續地做買賣交易，此正亦說明了在利益這個大前提的考量下，未來在閩海地區什麼事都有可能發生。

先前，一六二八年（崇禎元年）的六月，就在明當局正式地接受鄭芝龍的請撫前夕，《巴達維亞日記》載稱，[23]該月二十

---

21 有關此，陳壽祺《福建通志》載稱如下：「（崇禎元年）九月，海寇鄭芝龍復降詔授防海遊擊。【（金門游擊）盧毓英言於泉州知府王猷，盛稱鄭（芝龍）材武，假以一命當可再召，猷首肯之。及巡撫熊文燦至，猷條陳時事，併言『芝龍兩勝（都司）洪先春不追，獲盧毓英不殺，（福建總兵）俞咨皋敗至海門，中左棄城遁，芝龍約束其眾不許登岸，實有歸順之萌。今勦難卒滅，不若遣人往諭，許其以立功贖罪』。文燦乃遣毓英招芝龍。芝龍至，願以勦平諸盜自任。文燦大喜，奏題防海遊擊。】。」見該書，卷267，〈明外紀〉，頁41。至於，上文符號"【】"中的文字，係原書之按語，以下之內容若再出現此者，意同。

22 請參見臺灣銀行經濟研究室編，《明實錄閩海關係史料》，「崇禎長編選錄」，崇禎元年八月丙辰條，頁147。

23 請參見村上直次郎原譯、郭輝中譯，《巴達維亞日記（第一冊）》，1628年6月

七日荷艦隊司令官 Carel Lievensy 率船隊由巴達維亞（Batavia，今日印尼雅加達）前往大員和中國沿岸，[24]這由六艘荷蘭快艇組成的船隊，除要運載送往大員及轉運日本銷售的貨物以牟利外，另一個使命就是要和大員方面的荷船通力合作，開闢漳州河（Revier Tchincheo）亦即廈門港外海上一帶的水域（參見附圖四：明代福建漳泉沿海示意圖。），[25]它以及大員之間的航路；並且「與軍門[即福建巡撫]、都督[即福建總兵]或其他大官交涉，在適當條件之下，訂立開始貿易之協定，而此事成功之後，（荷人）可單獨或聯合國王[指明朝皇帝]之戎克船，竭盡全力以破海賊，作為報酬。如（中國）不即行開始貿易，則任何藉辭遷延，而成功已告絕望時，應勿維持需耗如此巨額經費之艦隊，而遣派適當之也哈多船二、三艘前往福州，[26]調查可否在該地進行貿易，或對於傳聞將運載各種貨物前往在福爾摩沙島東南角之敵人[指西班牙人]要塞雞籠、淡水之戎克船航路，予

---

27 日條，頁 62。

24 當時荷蘭東印度公司的臺灣長官為 Pieter Nuyts，即 Hans Putmans 的前一任。

25 漳州河，荷人通常把漳州和廈門這兩個市鎮所在地的河和灣稱作漳州河，請參見威廉・伊・邦特庫（Willem Ysbrantsz Bontekoe）撰、何高濟譯，《東印度航海記》（北京市：中華書局，1982 年），頁 76，註釋 2。另外，《熱蘭遮城日誌（第一冊）》的荷文註釋，則做成以下的解釋：Revier Tchincheo，漳州河指廈門與金門所在的海灣。而該書譯者按指為廈門港。見該書，頁 4，註 20。根據上面兩個說法加以比對地圖，筆者個人的臆斷是，荷人所謂的「漳州河」，應該是指接近廈門港外的南方，屬今日九龍江河口、廈門港一帶為中心的河海交會水域。

26 上文中的「也哈多船」，亦即《熱蘭遮城日誌（第一冊）》中所提及的「荷蘭快艇」。

以劫斷，致力襲擊而捕獲之。倘不能為（荷蘭東印度）公司進行兩者之一，則可進至生產絹絲之南京海岸，必要時亦可進至朝鮮；務盡一切手段，努力在任何地方開始貿易」。[27]由上面這段文字，得知荷人為能達到直接與中國自由貿易的目的，只要福建巡撫、總兵等官員肯與之締結貿易的協定，荷人願幫助他們勦滅海盜。但是，假若福建當局藉故拖延不肯配合時，就派遣快艇到福州尋找貿易的機會，或者去截斷來往中國和西班牙人的雞籠、淡水的航路，並打劫這航路上的船隻。由以上荷人想打通中國的自由貿易時，所採取的兩個極端不同結果的答案讓明當局從中挑選的行徑來看，除了可以得知，荷人欲取得直

27 村上直次郎原譯、郭輝中譯，《巴達維亞日記（第一冊）》，1628 年 6 月 27 日條，頁 62。另外，上文中的「福爾摩沙島東南角」，疑誤，應為福爾摩沙島的「東北角」。至於，文中「軍門」、「都督」這兩個荷人史料屢提及的官員，究竟在明政府是何一職位？筆者個人認為，在明代，稱總督、巡撫為「軍門」。「軍門」，係對駐地福州之福建最高長官——「福建巡撫」的稱呼。然而，「都督」一職在明代，究係是何官？因為，《熱蘭遮城日誌（第一冊）》曾提到過，「被廈門的都督所禁止……」（見該書，頁 8。），由此看來，官員「都督」是駐在廈門的。翻查史料，明在廈門並未設有文職官員，「都督」當為武職將官無誤，明代有時稱總兵官為「都督」，當時福建的總兵，常因亂事率兵駐守在海防要地中左所，如俞咨臯（見陳壽祺《福建通志》，卷 267，〈明外紀〉，頁 39。）即是一例。另外，「總兵」喚作「都督」，亦見於當時書信間的稱謂，如天啟二年的蔡獻臣〈與徐心霍都督〉（見氏著，《清白堂稿》（金門縣：金門縣政府，1999 年），頁 846。），徐心霍即當時的福建總兵徐一鳴，故疑「都督」應為福建總兵。除此之外，此亦可由周凱《廈門志》卷二〈分域略・山川〉「鴻山」條中得到應證，其內容如下：「天啟二年，福建都督徐一鳴、遊擊將軍趙頗攻勦紅夷」（見該書（南投縣：臺灣省文獻委員會，1993 年），頁 23。）。故，疑「都督」在此係指福建的總兵，應似無問題。

接與福建沿海市鎮自由貿易的強烈渴望外，亦可看出在與福建當局交涉的過程中，荷人唯利是圖的傾向與考量。當然，上述的荷人欲與明政府的締約進行自由貿易的願望，還是落空。同年的十月十日，前段述及的，先前與荷有嫌隙而剛要接受明政府招撫的鄭芝龍，私下與當時的臺灣長官 Pieter Nuyts 盡棄前嫌地訂定了效期三年的貿易契約，約定鄭每年以固定的價格在大員供應生絲、白糖、薑糖和縮緬等商品給荷人，荷方則用同等價值的錢銀和胡椒來支付。然而，不巧的是，沒多久就因鄭的部下李魁奇發生了叛變，[28]而使得荷、鄭間的貿易遭受嚴重挫折！為此，原本荷蘭在巴達維亞總督 Coen 要依原來的約定來懲罰鄭芝龍，卻又顧慮到此舉，可能對荷人本身會造成不利的後果而作罷。[29]

---

[28] 有關海盜李魁奇的出身及其相關事跡。陳壽祺《福建通志》曾載如下：「魁奇，惠安人。少時沿海捕魚，識水性，能沈水底半日不起。及壯，糾諸魚船往來海上為盜，與芝龍俱受撫」(見該書，卷 267，〈明外紀〉，頁 41。)。清康熙年間，江日昇在演義體小說《臺灣外記》中，亦曾對李的出身和個人特質，做了生動的描述：「李魁奇，漁父也，泉州惠安人。從幼初入湄洲沿海。深識水性，身藏水底，半日不起，口能轉氣，眼見諸物。年二十九，兩臂有七百觔之力，糾合諸漁船，劫掠商艘」。見該書，南投縣：臺灣省文獻委員會，1995 年，卷之 1，頁 36。本文發表於《臺灣文獻》第 52 卷第 3 期時，並無此條註釋，今特別補入，特此說明。

[29] 請參見江樹生譯註，《熱蘭遮城日誌（第一冊）》，〈熱蘭遮城日誌第一冊荷文本原序〉，頁 12。

## 二、荷人遊走在李魁奇、鄭芝龍和明政府之間

這次李魁奇的叛變，影響十分地深遠，它不僅牽動了荷人、鄭芝龍和福建當局這三種勢力彼此間的分合消長，亦主宰著日後閩海局勢發展的走向。至於，李魁奇叛去對鄭芝龍的影響到底有多大？有關此，〈熱蘭遮城日誌第一冊荷文本原序〉載稱，「李魁奇和他的四百多艘船舶脫離明官方的管轄，叛走而去」。[30]李魁奇和叛鄭的徒眾，除將「芝龍堅船、利器、夷銃席捲入海」奪去之外，[31]並在鄭先前盤據活動的廈門大事地劫掠，使得當地陷入一片混亂，而叛鄭的徒眾人數不少，更造成鄭的勢力一時大為削弱。期間，鄭曾重整旗鼓拼命與李力戰，在崇禎元年（1628）十二月和二年（1629）正月雖有奏捷，但是，李在屢敗後亟謀報復，並得廣東海盜協助建造烏尾大船，就在崇禎二年（1629）的三、四月間大破鄭的船艦，鄭棄船逃回廈門中左所，鄭的優勢盡失，除憑城自守外，一籌莫展。[32]

至於，荷人打開中國自由貿易的進行工作，似乎未因李魁奇和鄭芝龍衝突局勢的影響而中止下來。西元一六二九年（崇禎二年）的十月六日，荷臺灣方面派遣商務員 Gedeon Bouwers

30 江樹生譯註，《熱蘭遮城日誌（第一冊）》，〈熱蘭遮城日誌第一冊荷文本原序〉，頁 12。

31 臺灣銀行經濟研究室編，《鄭氏史料初編》（臺北市：臺灣銀行，1962 年），〈福建巡撫熊殘揭帖〉，頁 22。

32 請參見蘇同炳，《臺灣史研究集》（臺北市：國立編譯館出版，1990 年），〈鄭芝龍與李魁奇〉，頁 82-87。

和 Paulus Traudenius 攜帶要給福建巡撫熊文燦的信件，由大員出發而前往了圍頭灣；除此，並去請教鄭芝龍，有什麼好辦法能從擁地方大權的熊處獲得自由貿易的權利。[33]經過了三周之後，亦即十月二十七日荷人的大員來了不速之客，李魁奇派他的僕人到此，除帶來一封稱頌臺灣長官 Putmans 的信件外，並且贈送他一條船。[34]對此，Putmans 對李的好意拉攏存有戒心，決定先將李的僕人哄留在大員，等到獲知商務員 Gedeon Bouwers 他們兩人爭取對明自由貿易權的下文後再做打算。就在此時，原已位居下風的鄭又再度被李給打敗，鄭逃離了中左所的廈門，[35]李在佔領廈門後又如前回般地劫掠一番，導致商人不敢出海經商，亦使得福建與大員間的貿易變得十分微小。十一月一日，荷人聽聞，鄭在被李逐走後，已逃去福州省城找巡撫熊文燦投靠。[36]此一說法可能性甚大，因為，鄭在去年秋天才接受熊的招撫，雖然熊並不信任鄭，[37]但鄭、熊兩人關係並不壞，鄭前去投靠當是為尋求熊的奧援來對付李魁奇。十一月二十一日，荷人派去爭取自由貿易權的派遣代表返回了大員，其間並未能見到熊文燦，給他的信件僅由地方官「海道」

---

33 請參見江樹生譯註，《熱蘭遮城日誌（第一冊）》，頁 2。

34 請參見江樹生譯註，《熱蘭遮城日誌（第一冊）》，頁 3。

35 廈門，明代為福建海防重地，島上曾置中左守禦千戶所設兵防戍之。詳見周凱，《廈門志》，卷 2，〈分域略・沿革〉，頁 15。

36 請參見江樹生譯註，《熱蘭遮城日誌（第一冊）》，頁 3。

37 請參見臺灣銀行經濟研究室編，《鄭氏史料初編》，〈福建巡撫熊殘揭帖〉，頁 22。

代為轉收，荷方代表並未獲得任何的成果。[38]而荷人所稱的明官員「海道」，個人認為，係指當時福建按察使司轄下專理閩海事務的巡海道。[39]當時的巡海道是崇禎元年（1628）八月到任的徐日久，[40]徐是以按察使司副使的身份擔任此一職務。

十二月十一日，荷長官 Putmans 為尋求與中國貿易的機會，並到廈門去拜訪海上的新霸主李魁奇，率船由大員抵達了漳州河水域。李魁奇除派人迎接 Putmans，贈送新鮮的食物外，並在給 Putmans 的歡迎信中聲稱，他已經被閩撫熊文燦封為官吏，且他與鄭芝龍的戰爭亦已結束外，還允諾荷人替他們安排充分的貿易通商，[41]李拉攏荷人的意味十分濃厚。而巧合的是，過了三天後亦即十四日，荷人亦接到人在泉州的鄭芝龍來信，同樣聲稱他已從福建官員「海道」處取得長期貿易的許可證，

38 請參見江樹生譯註，《熱蘭遮城日誌（第一冊）》，頁 4。

39 巡海道，隸屬於福建提刑按察使司，多由按察司副使、僉事充任之，一般又稱為「海道」、「巡海道」或「海道副使」。例如，天啟四年的巡海道一職，原由副使高登龍擔任，後由陞任副使的參政孫國禎繼任。請參見陳壽祺，《福建通志》，卷 96，〈明職官〉，頁 18-31；何喬遠，《閩書》（福州市：福建人民出版社，1994 年），卷之 48，〈文蒞志〉，頁 1200-1233。巡海道的衙門，一說設在福州省城西南的鐘山右側，另一說在泉州府城。至於，巡海道的行署，則設在廈門中左所城的西門外。請詳見何喬遠，《閩書》，卷之 33，〈建置志〉，頁 825；陳壽祺，《福建通志》，卷 18，〈公署〉，頁 19 和 43。

40 請參見徐日久《真率先生年譜》「戊辰年記事」的內容，引自蘇同炳，《臺灣史研究集》，〈鄭芝龍與李魁奇〉，頁 78。

41 請參見江樹生譯註，《熱蘭遮城日誌（第一冊）》，頁 8。

邀請荷人去他那裡貿易經商。[42]鄭此舉拉攏荷人的意圖亦很明顯，連遭挫敗的鄭此時亟需外來的援助和支持，而與他淵源甚深的荷人未來的態度和走向，直接關係著他的命運和前途。尤其是荷人，它擁有了先進強大的軍事武力，這亦是李、鄭兩人不敢隨便忽視的，或輕易與之為敵的顧忌所在。這些曾在天啟年間騷擾東南沿海，[43]給明政府海防構成重大威脅的荷蘭船艦（附圖五：安平古堡文物陳列館內的荷蘭船艦圖。），最令人注目的是船上配備的精銳武器，它的船身兩側甚至前後共配置數十門的銅鑄火炮（附圖六：安平古堡文物陳列館內的荷蘭火炮和兵器圖。），[44]威猛巨大的火力令人望之生畏。在當時，荷蘭船艦比任何國家的船艦體積更大航速更快。據稱，要造一艘大型荷船所需要的木材，幾乎是一整座的森林。[45]

十二月二十日，對李魁奇充滿不信任的 Putmans，帶著商務員到廈門李那裡去做客，[46]席間彼此討論許多的問題，例如

---

42 請參見江樹生譯註，《熱蘭遮城日誌（第一冊）》，頁 8。

43 請參見臺灣銀行經濟研究室編，《明季荷蘭人侵據彭湖殘檔》，〈彭湖平夷師次殘稿（二）〉，頁 14；沈國元，《兩朝從信錄》（北京市，北京出版社，2000 年），卷 23，頁 515。

44 吾人就以《東印度航海記》作者邦特庫（Willem Ysbrantsz Bontekoe）曾擔任過船長的「貝爾格」（Berger）號為例，它雖僅是一艘短小的船，就裝備著三十二門炮，船身大部分有兩層的高度。請參見威廉・伊・邦特庫撰、何高濟譯，《東印度航海記》，頁 62 和 67。

45 請參見羅斌（Robin Ruizendaal）、葉姿吟，《FORMOSA－一座島嶼的故事》（臺北市：臺原出版社＆臺原文化藝術文化基金會，2000 年），頁 23。

46 荷人對李魁奇充滿著不信任，從停在岸邊的李招待長官 Putmans 的戎克船，荷

雙方彼此交易物品的種類和價格等問題，這當中亦包括荷人最渴望的目標，「讓所有（中國）商人自由無阻地來跟我們[即荷人]通商交易」。[47]對於，荷人自由地上岸到附近市鎮直接從事經貿活動的這個請求，福建當局向來堅持反對的立場。因此，李自然亦不敢隨便違背當局的這個重要規定，便對荷人表示道，「除非他也有利可圖，就像在他以前的其他人所作那樣，因為他要背負很重的負擔。至於小商人，他們可以自由無阻地來我們這裡[指廈門港外水域的荷人船舶處]交易」。[48]對此，荷人不滿地認為，李的一切都是以圖利為目的。其實，綜觀荷人在閩海地區的活動，他們亦同樣是以圖利為目的，荷人對鄭、李和福建當局的措施決策，同樣亦是以利害為考量依歸，談不上有什麼道義、人情的，這可由本文的論述內容中得到証明。過了三天後，亦即二十三日那天，荷商務員 Bouwers 和鄭芝龍的經紀人由泉州來見 Putmans，告稱鄭的實力還很強大，荷人若派一艘荷蘭快艇載貨物去泉州，鄭願意準備充分的商品與之交易。此事，給來漳州河水域尋找貨品買賣機會的荷人，多少帶來了一些鼓舞的力量。然而，就在隔天的二十四日，荷人卻發現李並未依先前所說的，讓商人到廈門港外荷船停泊處來跟他們做交易買賣。荷人認為，李是用漂亮的話戲弄他們，而惱怒

---

人便特意將該船納入荷蘭快艇的射程之內，以免 Putmans 有不測時得以救援，即可見一斑。見《熱蘭遮城日誌（第一冊）》，頁 9。

47 江樹生譯註，《熱蘭遮城日誌（第一冊）》，頁 9。

48 江樹生譯註，《熱蘭遮城日誌（第一冊）》，頁 9。

地決定了「如果李魁奇還不來交易，要繼續把（中國）商人留在裡面，我們就要向他開戰，並扶一官[即鄭芝龍]來廈門恢復以前的地位，希望（荷蘭東印度）公司能得到一個最可靠、最固定的人為公司效勞」。[49]上述這個決定，並在該月二十九日做成了具體的決議：「長官 Putmans 閣下要搭快艇 Slooten 號回去大員，在那裡準備好快艇 Arnemuiden 號及 Boycko 的戎克船，然後率領那兩艘快艇及 Boycko 的戎克船，載著所有的裝備，航往圍頭灣，要去跟一官[即鄭芝龍]商討我們要敵對李魁奇的計畫，即如果一官有此意願，我們要與他一起把李魁奇打出廈門，使他恢復地位，而條件為，他要為我們關照貿易，以及對我們所有合理的要求都要同意」。[50]此時，荷人在衡量利害得失之後，於李魁奇和鄭芝龍這兩人的當中選擇了後者，亦影響了這兩個人日後興衰存亡的命運。

## 三、荷人聯兵鄭芝龍、鍾斌征討李魁奇的經過

西元一六二九年（崇禎二年）十二月三十日，就是荷人做成「扶鄭倒李」決議的次日，荷長官 Putmans 便放棄對李的期待，搭快艇出發返回了大員。該天晚上，荷人便獲悉，先前遭同安知縣曹履泰的分化離間，背叛李魁奇重新靠向鄭芝龍的鍾

[49] 江樹生譯註，《熱蘭遮城日誌（第一冊）》，頁 10。

[50] 江樹生譯註，《熱蘭遮城日誌（第一冊）》，頁 10。

斌，[51]率領三十艘大船來到廈門南邊的浯嶼，準備要與控制廈門的李對抗；對此，李雖然亦有所準備，並且亦希望荷人能站在他這一邊。就在那晚深夜，荷商務員 Bouwers 從圍頭灣的鄭芝龍處回來告知荷人，說鄭已經得到福建當局的支持，「在福州有五十艘大戎克船快準備好，要來泉州幫助一官[即鄭芝龍]對付海盜李魁奇，要把他趕出廈門，一官已被任命為福州與泉州之間的中國海的大水師統帥」。[52]造成此一結果，係因李個人常恃勝又驕且需索很多所引起的，福建當局經過長達半年時間的思索後，此一時刻，決定了扶持目前暫居劣勢的鄭芝龍，起來打倒強大的李魁奇的政策。[53]

---

51 鍾斌，先前和李魁奇同為海盜鄭芝龍的手下。有關此，陳壽祺《福建通志》載稱如下：「（福建）巡撫熊文燦受鄭芝龍、李魁奇降。未幾，魁奇挾其黨鍾斌叛去。（同安知縣曹）履泰乃陰搆斌使叛魁奇，復與芝龍合謀，遂斬魁奇」。見該書，卷 137，〈明宦績・曹履泰〉，頁 28。至於，曹履泰去策動鍾斌背叛李魁奇，重新投靠鄭芝龍的相關記載，請參見曹履泰《靖海紀略》書中〈答徐道尊〉諸文，頁 54-57。另外，附帶說明的是，鍾斌日後又與鄭芝龍反目成仇，崇禎四年時被鄭所擊敗，溺水而死。史載如下：「崇禎四年五月丙戌，海寇鍾斌負鄭芝龍兩創之後，潛遁外洋，莫可蹤跡。（福建）巡按羅元賓與芝龍及劉世科等計議，令其陰布哨探，伺諸金門上下間。已而，果得其蹤跡於沙洲官前，芝龍等鳴鉦直進，復潛遣舟師從外洋夾攻，困之於甘桔洋中；賊力竭勢窮，身投蛟窟，獲其所坐之舡，其廝僕沈溺者無算，生擒八十餘人」（見臺灣銀行經濟研究室編，《明實錄閩海關係史料》，「崇禎長編選錄」，崇禎四年五月丙戌條，頁 158。）。上述內容，係本論文集增加的補充說明，本文在《臺灣文獻》第 52 卷第 3 期發表時並無此部分，特此誌之。

52 江樹生譯註，《熱蘭遮城日誌（第一冊）》，頁 10。

53 有關此，請詳見蘇同炳，《臺灣史研究集》，〈鄭芝龍與李魁奇〉，頁 87-91。

同在三十日那天，荷人先前做成「扶鄭倒李」的決議，商務員 Bouwers 亦依照 Putmans 的命令，將荷人要對付李魁奇的計畫跑去告訴鄭芝龍。對此，鄭答稱「如果長官閣下（指 Putmans）要尋找對中國貿易的特別機會，現在正是時候了；他（指鄭）願意把他全部軍力跟我們（指荷人）的合在一起，幫助我們去驅逐李魁奇，勝利之後，我們在全中國將獲得極大的聲譽，使我們在中國得以像當地居民那樣自由來往，也使得他得以向軍門提出許諾很久的自由貿易」。[54]由鄭的這段話，可以推測出，這位與荷人素有淵源曾任東印度公司譯員的他，[55]深知荷人長期以來一直渴望與中國自由貿易的心理，故利用荷人此一心理，誘導其賣力協助他對付李，替他自己謀求反敗為勝的機會。西元一六三〇年一月初，李和鄭、鍾之間的戰爭，似有一觸即發的味道。此時，在廈門不許可商人私下與荷自由貿

---

54 江樹生譯註，《熱蘭遮城日誌（第一冊）》，頁 11。文中提及的「許諾很久的自由貿易」一事，有待日後詳查。因為，《熱蘭遮城日誌》此段之前的有關記載，並未有明政府「許諾很久的自由貿易」一事。依個人的推測，這可能是指 1622 年冬天荷艦隊司令官 Cornelis Reyersen，在福州拜會巡撫商周祚一事？因在會談中，Reyersen 獲得含混的許可說，若荷人肯離開澎湖全數移往鄰近的臺灣，明政府將准予在臺灣那裡自由貿易，中國商人亦將毫無阻礙地可去那裡跟荷人交易（見江樹生譯註，《熱蘭遮城日誌（第一冊）》，〈熱蘭遮城日誌第一冊荷文本原序〉，頁 10。）。但若是指此事，荷的要求亦不十分地合理，因強硬的南居益取代了商周祚之後，以壓倒性的軍力兵臨澎湖紅毛城下，加上李旦的出面說項，才使荷人不得不「被迫」離開澎湖，此又與明當初所期盼的「自動地」離開的條件，似乎有一段的距離。

55 有關鄭芝龍的出身，以及他與荷人的關係，請參見蘇同炳，《明史偶筆（修訂版）》，〈李旦與鄭芝龍〉，頁 239。

易的李魁奇，除一方面繼續與荷人維持聯絡外，另外亦以少量或質地不佳的貨品運來與荷人交易，藉以拉攏荷人溝通情感。但荷人不為所動，認定李是在借用花言巧語來牽制荷人而已，荷人並希望「跟一官[即鄭芝龍]合作的計畫一旦進行，他[指李魁奇]在廈門的勢力就馬上結束」。[56]一月二十一日（崇禎二年十二月九日）時，李的船隻悉數駛離廈門，荷人得到的消息雖是說李要去攻打鍾斌，卻又自行猜想是他們跟鄭要聯手對付李的計畫已被李嗅出，所以李本人害怕而先行逃走；另方面又害怕李若獲知此，憤而襲擊前往圍頭灣途中的荷長官 Putmans 船隊。但是，之後，荷人又聽說李本人還在廈門。[57]從這段史料中，知道荷人亦為自身私下祕密與鄭合攻李的計畫而忐忑不安。二十六日，在福建當局支持和幫助的情形下，鍾斌率領一支四十艘船的部眾抵達了圍頭灣（參見附圖四：明代福建漳泉沿海示意圖。），準備要與鄭芝龍的人員分水、陸兩路進攻廈門的李魁奇。此時，鄭亦透過商務員 Bouwers 徵詢荷人的意願，是否已確定要出兵加入他們的行列？但因荷長官 Putmans 已於該月二十日率船由大員出發前往圍頭灣的途中，而他下屬的荷人因為聯絡不上他，不敢為此一要事做下最後的決定。不久之後，Putmans 所率領的荷蘭快艇和戎克船等四艘攜帶貨品的船艦，就在二月初的前後抵達了圍頭灣，除與鄭芝龍交易貨品外，

[56] 江樹生譯註，《熱蘭遮城日誌（第一冊）》，頁 11-12。

[57] 請參見江樹生譯註，《熱蘭遮城日誌（第一冊）》，頁 12-13。圍頭灣，位在金門島的西北方不遠處。

更重要的是，Putmans 還去鄭的大本營安海，[58]當面再與鄭商談先前提過合力攻打李的計畫。此時，又因鍾斌本人亦已帶部眾去永寧灣，回程還要幾天的時間；加上，鄭又考慮廈門附近迂迴的灣路甚多，不易阻止李魁奇的逃脫，攻李計畫需要再加研議。[59]為此，鄭、鍾、荷聯兵征李的計畫又被擱置了下來。就在此時，荷長官 Putmans 的態度卻有重大的轉折，經過他一番考慮後，認為此與鄭秘密交涉攻李的計畫，一定會讓李心驚膽戰，竟然轉而向荷人臺灣最高決策機構的議會，[60]提議「是否

58 「安海」即安平鎮，又稱安平城，隸福建泉州府晉江縣，距離圍頭灣不遠，後來，毀在南侵清兵的手中。有關安海的記載，《南疆繹史》指出：「是年（崇禎元年）部議招撫（鄭芝龍），泉州守王猷請出盧毓英於獄，往諭降之；授遊擊，累遷至都督。時海盜蜂起，洋船非鄭氏令不行；上自吳淞、下至閩廣，富民『報水』如故。歲入例金千萬，自築城安平寨擁重兵專制濱海」。引自周凱，《廈門志》，卷 16，〈舊事志・紀兵〉，頁 666。關於此，明崇禎年間進士林時對亦曾指出：「（鄭芝）龍幼習海，知海情，凡海盜皆故盟，或出門下。自就撫後，海舶不得鄭氏令旗，不能往來。每一舶稅三千金，歲入千萬計。（芝）龍以此居奇為大賈，既俘劉香，海氛頓息。又以洋利交通朝貴，寖以大顯。泉（州）城南三十里，有安平鎮，（芝）龍築城，開府其間。海稍直通臥內，可泊船，竟達海。其守城自給養餉，不取於官。旗幟鮮明，戈甲堅利。凡賊遁入海者，檄（芝）龍取之如寄；故八閩以鄭氏為長城」。見氏著，《荷牐叢談》（臺北市：臺灣銀行，1962 年），〈鄭芝龍父子祖孫三代世據海島〉，頁 156。

59 請參見見江樹生譯註，《熱蘭遮城日誌（第一冊）》，頁 14。永寧灣，位在圍頭灣的北邊。

60 荷人在臺灣的議會，亦有譯作「評議會」，即大員評議會。大陸學者楊彥杰在《荷據時代臺灣史》一書中，曾對派駐臺灣荷蘭東印度公司的行政人員和組織，做過扼要的說明：「派駐臺灣的最高官員稱臺灣行政長官（簡稱臺灣長官），總攬全島的行政事務。長官之外設有一評議會，稱大員評議會或熱蘭遮城評議會，為最高決策機構。評議會設評議長一人、評議員若干人。評議長在行政上常為

應該寫信給李魁奇，告訴他，我們要跟一官[即鄭芝龍]去攻打他的計畫」。[61]經議會的討論後，荷人做成以下的決定：「我們[指荷人]要立刻寫信給李魁奇，告訴他我們跟一官[即鄭芝龍]已經決定，於鍾斌從北邊帶兵來到一官那裡以後，就要來攻打他，使一官恢復他以前在廈門的地位權勢，不過，他如果還願意表現他是荷蘭聯合東印度公司的朋友，在三兩天內豐豐富富準備好各種商品，並履行他說了好幾次的諾言，[62]則我們不但無意使他毀滅，相反地還要用我們的士兵和船隻全力幫他，等等。我們也切盼今天就給我們答覆這封信，使我們知道此後該如何處理，否則，從現在起，就要宣佈他為我們公開的敵人，並以此對待」。[63]上述，二月初 Putmans 突然對李的態度大翻轉的舉動，因目前缺乏相關史料的佐證，難以正確判定去他的動機和理由。依個人的推測，認為有兩種的可能，一是荷人對鄭，甚至是鄭、鍾兩人仍存有疑慮，還未完全放手壓賭注在鄭的身上，故欲藉此善意的言詞一面先兜住李，另一面繼續對鄭、鍾「聽其言，觀其行」，再決定是否對李用兵。另一可能是荷人「腳踏兩條船」的心態，想要左右逢源。亦即荷人對李的看法沒有改

---

長官副手，如果臺灣長官外出或空缺，一般由評議長代理行政事務。評議員由公司派駐臺灣的上席商務員、商務員及軍隊首領或艦隊司令組成。臺灣長官在評議會中占有重要地位，但所有決策都必須評議會討論，取得決議，再交由臺灣長官辦理」。見該書（南昌市：江西人民出版社，1992年），頁68。

61 江樹生譯註，《熱蘭遮城日誌（第一冊）》，頁14。

62 指李魁奇先前許諾的，替荷人安排與明人進行充分的貿易通商，請參見前文。

63 江樹生譯註，《熱蘭遮城日誌（第一冊）》，頁14。

變，僅是想利用李在孤立無援時，故意去釋放善意，以博得李的好感，來達到與李交易貨品獲取利益的目的。不管，Putmans的動機理由為何，荷人「挾兩端」的意圖十分地明顯，荷人想利用李、鄭、鍾三人間的利害和衝突，從中謀取最大的好處。

二月初，荷人給李這個一語帶威脅卻又留有餘地的通牒，不到兩三天，效果馬上就浮現出來了。二月五日，李不僅派人送來一些商品，連平時他不允許私下與荷自由貿易的商人，亦都跑來跟荷人買賣交易了。荷人認為，他們送去的信已使李害怕起來了。[64]再過了兩天，二月七日荷商務員 Bouwers 派人攜帶鄭、鍾兩人的信件，由圍頭灣回到漳州河水域的荷陣營處，鄭、鍾在信中說到「他們[指鄭、鍾二人]的軍隊已經準備好，將於後天下來幫助我們[指荷人]對付海盜李魁奇，他們識別的信號是，夜間在船尾點火，白天掛起一面有三個黑圓圈的白旗；他們懇請我們堅守崗位，不可變動我們已定的計畫，則必勝無疑」。[65]對此，荷人「為使一官[即鄭芝龍]確實知道我們的好意，並告訴他我們在這件事跟他合作的主要動機，決議要派下席商務員特勞牛斯（Paulus Traudenius）今夜就去那裡見一官，向他提出下列條件，要他獲勝之後履行，即：

一、一官須於獲勝之後，讓我們在漳州河進行貿易，對商人來跟我們交易的通路不得有任何限制，而且要熱心

64 請參見江樹生譯註，《熱蘭遮城日誌（第一冊）》，頁 15。

65 江樹生譯註，《熱蘭遮城日誌（第一冊）》，頁 15。

地向軍門爭取承諾已久的長期的自由貿易。

二、擄掠到李魁奇的戎克船，我們要先選取最好的三、四艘，並取得所有戎克船裡的所有商品，而由他[即鄭芝龍]取得剩下的船隻，以及所有戎克船裡的大砲。

三、不允許戎克船前往馬尼拉、雞籠（Kelang）、淡水（Tamsui）、北大年（Patanij）灣、暹羅、柬普寨等地。

四、不允許任何西班牙人或葡萄牙人在中國沿海交易，要在所有通路防止他們，阻止他們。

五、最後，以上條件的全部，他[即鄭芝龍]終生都不能違背，去世後，他的繼承者還要繼續遵守履行，相對的，我們將用我們的船隻確保他的地位，儘量在有須要的地方掃蕩海盜；而且，他要在盡可能的情況下，幫助荷蘭聯合東印度公司收回全部的賒帳」。[66]

關於上述的內容，荷人所開出的與鄭、鍾約攻李獲勝後鄭方（包含鍾斌在內）必須履行所有條件的這個問題。雖然，此時正值鄭、鍾忙於對付李，在《熱蘭遮城日誌》中並未明載鄭、鐘二人是否已馬上完全同意這些承諾，但從該日誌中得知，在此之後，荷人與李魁奇的敵對關係已正式的確立，並與鄭、鍾的同盟關係亦正式地形成。次日，即二月八日荷人得悉，在廈

66 江樹生譯註，《熱蘭遮城日誌（第一冊）》，頁 15。

門的東角泊有李魁奇十三艘由戎克船改裝而成的戰船和火船，可能準備該夜要來突襲泊在漳州河的荷蘭艦隊。為此，荷人派一艘戎克船在荷蘭艦隊的上方做警戒。當晚，商務員特勞牛斯（Paulus Traudenius）帶回鍾斌方面的消息，稱鍾在圍頭灣的軍隊已整畢，將於天亮前要到漳州河與荷人會師，另外，鄭亦將率領一,五〇〇個士兵，啟程前往廈門與鍾會師，準備對付李魁奇。至於，荷人最關切的出兵攻李的鄭、鍾承諾履行問題，鍾斌說到「有關他的部份，他願意履行，他認為一官對此應該也不會有異議，他將於天亮以前到我們[指荷人]這裡」。[67]據此，荷人的推估是，鍾斌的軍隊將會先去打敗盤踞在廈門東角李魁奇的船艦，然後再帶他大部分的軍隊迂迴去廈門的後方，而派他剩下的艦隊來和荷艦隊會師，以便一前一後兩方來夾攻李魁奇。

二月九日的中午，苦等鍾斌艦隊到來的荷蘭艦隊，卻發現到李魁奇所有船隻都已升帆準備要出航駛離廈門。荷人便以「現在事態都已公開了，只好決定去攻擊他們」，[68]威猛強大的荷船艦炮遂主動開火射向李魁奇船隻，李一見此，便立即率領他全部軍隊四十艘船出港，荷艦隊亦立刻起錨迎向李的船撲去。此時，荷人等候多時的鍾斌艦隊，亦繞從廈門後方來到李船隊的後面，「李魁奇遂前後被圍，我們[指荷人]從前面，鍾斌

---

[67] 江樹生譯註，《熱蘭遮城日誌（第一冊）》，頁16。

[68] 江樹生譯註，《熱蘭遮城日誌（第一冊）》，頁16。

從後面，向他們[指李魁奇]猛烈夾擊，使得李魁奇的船隊連一發砲彈也射不出來，在船隊最後面的李魁奇的座船被我們的大砲擊中一兩發砲彈，遂與其他兩艘戎克船向海上逃去，鍾斌立刻率領三艘戎克船追去，因為他才是他要找的人。我們於是立刻再轉向他們的船隊，把他們射擊得很多船失去了桅杆，有些船以後就沉下去了，要不是風向那麼對我們不利，他們將一艘也逃不了」。[69]次日（十日）的清晨，荷人獲悉李已被鍾捉到並帶回了廈門，鍾斌繼續率軍出海去收拾李的殘餘徒眾。[70]三月二十二日，荷人得悉，李和其同謀以搶劫騷擾的罪名被閩撫熊文燦處了死刑。[71]從上面《熱蘭遮城日誌》對這一場海戰記載內容中可以得知，荷蘭船艦在攻滅李的過程中出力甚多，並在擊敗李的船隊中扮演重要的角色。

## 四、討滅李魁奇後的荷、鄭、明關係

西元一六三〇年二月十三日（崇禎三年正月初二），即在攻滅李魁奇後的幾天，荷長官 Putmans 偕同五位臺灣議會議員去廈門找鄭芝龍，商討上述的荷出兵滅李的條件履行一事。對此，

69 江樹生譯註，《熱蘭遮城日誌（第一冊）》，頁 16。

70 請參見江樹生譯註，《熱蘭遮城日誌（第一冊）》，頁 17。

71 請參見江樹生譯註，《熱蘭遮城日誌（第一冊）》，頁 22。關於此，蘇同炳先生曾做過考證，指出「李魁奇之死，其被擒也由鍾斌，其被處斬也在泉州城外，監斬官則是當時福建巡海道徐日久，時間在崇禎三年正月十四日」。詳見氏著，《臺灣史研究集》，〈鄭芝龍與李魁奇〉，頁 93。

席間的鄭，僅「承諾履行了以下各項：

一、他將終生讓我們[指荷人]在漳州河及大員享受通商，他去世以後，他的繼承者也要繼續遵守這個原則。

二、他[即鄭芝龍]將為我們寫信給軍門[即福建巡撫]，幫助我們取得承諾已久的自由貿易，可永遠享受的自由貿易。

三、他將立刻準備一艘戎克船給我們，以便載石頭去大員，[72]等鍾斌征討回來，還會交三、四艘戎克船給我們。

四、為補償我們那艘快艇的損失，[73]他將先付兩千兩銀，以後將繼續補償，直到在該快艇上的損失完全補償完畢為止。

至於要禁止戎克船前往馬尼拉等其他我們敵人的地方之事，他不敢承諾，因他們持軍門的通行證航行，繳納很多稅給他[指軍門]，對此他[即鄭芝龍]無能為力，如果現在去干擾他們[指西班牙和葡萄牙人]，必將違抗軍門，召來極大的憤怒。我們不該在這方面為難他，應該在他能為我們設想的其他方面儘量去要求他，所以這一項絕對不能考慮，他寧可死也不考慮

---

72 荷人此一時期常來澎湖或沿海地區如金門北碇島搬取石材，運回大員做為建造城堡之用，有關此的記載，屢見於《熱蘭遮城日誌（第一冊）》內容中。

73 係指 1630 年 2 月 9 日的海戰中，荷快艇 Slooten 號因追逐李魁奇船隻，在漳州河南岸觸礁而擱淺一事。

去做這事」。[74]

吾人若將鄭芝龍上述的承諾，拿來和荷人助兵攻李的五個條件加以比較，可以發覺，這次荷人出兵的所得好處，和他當初所期待的是有很大的差距。其中，荷人最渴望的沿岸市鎮自由經貿活動，鄭和李魁奇以前一樣依舊不敢違反福建當局的規定，讓荷人到陸上沿岸市鎮直接地進行經貿活動，鄭僅技巧地幫忙荷人代為寫信給巡撫熊文燦請求同意而已。另外，打擊敵手西班牙和葡萄牙人的勢力亦是荷人重要的工作，對於，荷人所要求的阻止中國戎克船前往馬尼拉、雞籠、……等地經商，以及不允許任何西班牙人或葡萄牙人在中國沿海交易……等事，[75]鄭更是用不敢違抗福建當局的理由，明白地加以回絕。荷人得到的是，鄭芝龍願意補償海戰中那艘觸礁的荷蘭快艇和船上貨物的損失，[76]以及提供幾艘搬取石材回大員的戎克船。另外，鄭個人亦同意，讓荷人在漳州河和大員兩地進行通商交易活動，並准許中國的商人可攜帶貨物自由地前往漳州河荷人

---

74 江樹生譯註，《熱蘭遮城日誌（第一冊）》，頁 17。

75 請參見江樹生譯註，《熱蘭遮城日誌（第一冊）》，頁 16。本文發表於《臺灣文獻》第 52 卷第 3 期時，並無此條註釋，今特別補入，特此說明。

76 失事荷蘭快艇和船上貨物的損失總值約荷幣 18,000 里爾，經過商議後，鄭芝龍答應在 Putmans 長官任期內用貨物分期支付完畢，亦即由鄭派船去廣東購運薑糖、茯苓、白鑞及其他荷人在漳州河的這些貨物，以逐漸支付那筆款項。見江樹生譯註，《熱蘭遮城日誌（第一冊）》，頁 19。

船舶上與其進行交易買賣。[77]

至於，對於荷方個人私下的酬謝方面，在該年（1630）三月六日以及二十日，明分別由福建的官員巡海道徐日久、巡撫熊文燦以及鄭芝龍，致贈一些禮物給 Putmans 及荷方相關人員，[78]以表達隆重的謝意。而荷長官 Putmans 在當面勸勉前來送行的鄭芝龍，要遵行前面約定諾言後，[79]亦於三月二十五日搭荷快艇離開漳州河，返回大員。當中，值得一提是，三月二十日那一天，代表福建最高長官的巡撫熊文燦，還熱切盼望接受禮物後的荷長官 Putmans，「跟著上述禮物公開經由廈門鄰接的市

---

77 請參見江樹生譯註，《熱蘭遮城日誌（第一冊）》，頁 18。

78 1630 年 3 月 6 日，福建的官員「海道」即巡海道徐日久，「為要表示，他和其他中國大官們對李魁奇及其追隨者的滅亡的喜樂，贈送長官普特曼斯[即 Putmans]閣下一套從頭到腳的官服，十五隻牛、十五隻豬以及十壺黑色的中國麥酒」（見江樹生譯註，《熱蘭遮城日誌（第一冊）》，頁 20。）。另外，3 月 20 日，Putmans 前往會晤明地方官員和鄭芝龍，商談自由貿易以及荷蘭東印度公司等事，席間，地方官員「奉軍門[即巡撫熊文燦]的名義，贈送長官閣下[即 Putmans]兩面中國字刻著上述事蹟[指荷人助滅李一事]的銀牌，各約重三里爾，還有兩個鍍銀的玫瑰花與枝子，以及三百里爾重的銀；另贈送上述特勞牛斯[即 Paulus Traudenius]兩枝鍍銀的枝子；並宣稱，因軍門的熱望，請長官閣下跟著上述禮物公開經由廈門鄰接的市區去上船，這樣可使大家認識他們。此外，官員一官[即鄭芝龍]也為要表示對荷蘭人上述事蹟的感謝，而且更感謝使他恢復在廈門市裡的地位，乃贈送長官閣下一條有紀念章的金鍊子，在那個紀念章裡描繪著我們[指荷人]對李魁奇作戰的情形；長官閣下接受這些禮物之後就騎馬，跟著那些禮物，一些旗幟，以及一些樂師，騎過廈門鄰接的市區前往海邊，從那裡去上船」。見同前書，頁 21。

79 請參見江樹生譯註，《熱蘭遮城日誌（第一冊）》，頁 22。

區去上船，這樣可使大家認識他們」，[80]以表示明政府對他們隆重的謝意。雖然，在旗幟的引導和樂師的伴奏之下，騎著馬匹、帶著禮物光彩地走過中國市鎮的街區，這種的榮耀，對在大員的荷蘭東印度公司長官是從來沒有過的，但是，荷人長期所渴望到陸地沿岸市鎮來從事自由經貿的目標，到了此時，成果似乎還是極為有限。不僅，未能因助滅李魁奇有功來改變福建當局的政策，去直接和福建當局商討中、荷自由經貿的問題，連整個事件中利用荷人滅李奪回廈門地盤的鄭，亦僅以代荷方寫信給閩撫熊請求同意而已。對於，明政府和鄭芝龍這樣的反應和答覆，在勦滅李戰爭中扮演舉足輕重角色的荷人，自然會心生不滿，亦為日後荷、鄭和明政府間埋下了衝突的種子。三年後，亦即西元一六三三年（崇禎六年）十月在金門的料羅灣，荷人和代表明政府的鄭芝龍爆發了一場激烈的海戰，它的成因與上述事件不無直接的關聯。

## 結　論

整體而言，綜觀這次李魁奇由叛變到被殲滅的全部過程，可以清楚看出，荷人在閩海地區活動唯利是圖、觀風向的特質取向，他們的立場常隨著現實環境的變化而搖擺遊移，結果，

---

80 江樹生譯註，《熱蘭遮城日誌（第一冊）》，頁 21。本文發表於《臺灣文獻》第 52 卷第 3 期時，並無此條註釋，今特別補入，特此說明。

它的成效亦不如荷人所預期的，嚴格說來，荷人只得了「面子」，「裡子」是空洞的。

由上文陳述中，可以清楚地看出，荷人他們用含混模稜的態度，遊走李魁奇和鄭芝龍之間，一心一意想打開中國貿易的大門。後來，卻隨著荷人與李彼此間摩擦和猜忌的擴大，使得荷人遊移的態度逐漸靠向鄭，而有後來荷人以「五個條件」做為出兵助鄭征李承諾的產生。為此，因荷人的不細察，僅得到鍾斌「有關他的部份，他願意履行，他認為一官[指鄭芝龍]對此應該也不會有異議」的回答下，[81]便在鄭態度含混下慨然應允出兵，卻未料想到了戰後，個性狡滑的鄭，[82]卻對「五個條件」的承諾，用各種理由加以回絕或打了折扣，使得荷人大部分的期望都落空。

此次荷人出力參戰所拿到的好處，除了福建當局公開的讚賞和感激，增進明人對荷人的認識與好感，對日後爭取自由經貿目標有些許幫助之外，其他較大的好處是，鄭芝龍個人私下同意的，讓荷人在漳州河和大員兩地進行通商交易活動，並准

---

[81] 江樹生譯註，《熱蘭遮城日誌（第一冊）》，頁 16。本文發表於《臺灣文獻》第 52 卷第 3 期時，並無此條註釋，今特別補入，特此說明。

[82] 鄭芝龍生性狡猾，例如：「（閩撫）熊文燦乃遣毓英招芝龍。芝龍至，願以勦平諸盜自任。文燦大喜，奏題防海遊擊。然芝龍盤距海濱，近海州縣皆勒民『報水』如故」。見陳壽祺，《福建通志》，卷 267，〈明外紀〉，頁 39。另外，林時對亦曾指出：「（芝）龍為人貪鄙，好利狡猾、善結交，非有英雄大略也」。見氏著，《荷牐叢談》，〈鄭芝龍父子祖孫三代世據海島〉，頁 156。

許中國的商人可攜帶貨物，自由地前往漳州河荷人船舶上與其進行交易買賣，這對尋覓貨源、買主殷切的荷人來說，能找到一位能提供買賣貨源又可關照貿易的固定對象－－鄭芝龍，以及近岸穩定的船舶交易據點漳州河，何嘗不是一件好的消息？當然，這些和荷人所期待到沿岸陸地市鎮自由經貿的目標，還有一大段的距離！然而，亦因為荷人這次的勞師動眾，付出可謂不少，所得卻遠比原先所想像少得許多，連帶使得荷人多少有被欺騙的感覺，亦讓荷人對鄭的言行作為產生了不信任，此可由 Putmans「勉勵」前來送行的鄭芝龍，要他實踐約定諾言一事中得知一二，同時，亦使得荷、鄭兩方在日後的關係發展上，存在著一股的陰影。

（原始文章刊載於《臺灣文獻》第 52 卷第 3 期，臺灣省文獻委員會，2001 年 9 月 30 日，頁 341-356。）

附圖一：澎湖風櫃尾荷蘭堡壘遺址今貌，筆者攝。

附圖二：安平古堡文物陳列館內的熱蘭遮城復原圖（見圖中右），筆者攝。

附圖三：熱蘭遮城遺址牆垣今貌，筆者攝。

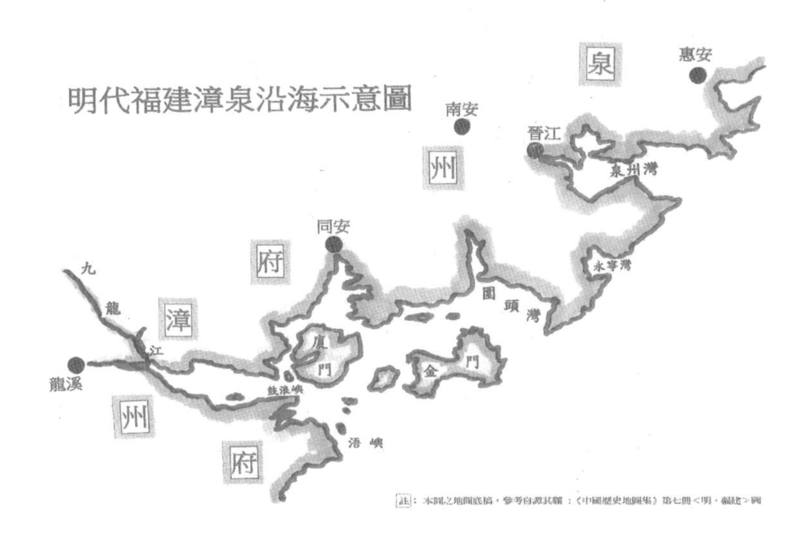


附圖四：明代福建漳泉沿海示意圖，筆者製。

附圖五：安平古堡文物陳列館內的荷蘭船艦圖，筆者攝。

附圖六：安平古堡文物陳列館內的荷蘭火炮和兵器圖，筆者攝。

# 明嘉靖年間閩海賊巢浯嶼島*

## 一、引　　言

嘉靖帝朱厚熜，是明代在位時間甚為長久的君主，僅次於萬曆帝朱翊鈞。在嘉靖帝漫長四十五年（1522-1566）的統治歲月中，應付東南沿海的邊患問題，幾乎佔用了他許多時間。嘉靖帝在位年間，這些騷擾沿海地區的邊患份子，俗稱為海盜；他們的來源十分地複雜，主要可概分成海商和海寇兩大類的中國本土海賊，[1]來自日本的「倭寇」，[2]以及一小部分東來尋

* 本文發表至今已十餘年，為此，除了對文中用詞進行大幅度的調整修飾外，並且，增補附圖一「明嘉靖年間東南海盜巢窟分布示意圖」中的地名，以及重新繪製附圖三「明代福建漳泉沿海示意圖」，同時，並增補相關的資料和漏列的註釋，期使本文的內容能較先前論文發表時來得周延和完整。

1 本文用「海賊」來稱呼這群「亦盜亦商」，「有資本者則糾倭貿易，無財力者則聯夷肆劫」（見臺灣銀行經濟研究室，《明經世文編選錄》（臺北市：臺灣銀行，1971 年），頁 67。），用武力對抗官府，劫掠人貨，並兼販貿貨物的中國

求貿易機會的佛朗機夷人（即今日葡萄牙人）。以上三者，常以靠近海岸邊的離島做為巢窟，並因買賣交易甚或劫掠人、貨，彼此間相互合作，且常因官軍剿討和風信潮汛等因素的影響，而四處移動流竄，荼毒沿海百姓居民，令明政府當局頭疼不已。

世宗嘉靖年間東南海盜的問題，不僅在時間上長達二、三十年，而且被禍地區遍及浙、直、閩、粵沿海各省。此時，在沿海的岸邊或近岸離島有著為數不少的海盜賊巢，[3]而這當

人。中國本土的海賊，主要又可分為「海商」和「海寇」兩大類，「海商」即潛通倭、夷私販之人，「海寇」則是掠奪沿海民眾和通洋私販者之人，但是，有時他們可能是同一批人，即「市通，則寇轉而為商；市禁，則商轉而為寇」（見胡宗憲，《籌海圖編》(臺北市：臺灣商務印書館，1983 年)，卷 11，頁 3。)。

2 倭寇，即日本的海盜，起源於九州及山陰、山陽二道，以壹岐、對馬為根據地，侵掠亞洲大陸沿海地方，自元朝初年北條氏執政時代，寇掠三百餘年，沿海數千里備受荼毒，中國史家統稱為倭寇。倭寇來源甚為複雜，有亡命、有武人、有海賈、有游氓，亦有中國部份失業人民附從為寇。見陳懋恒，《明代倭寇考略》(北京市：人民出版社，1957 年)，頁 2-3。

3 以粵、閩、浙三省的賊巢為例，嘉靖三十二年時任巡撫浙江兼管福興泉漳都御史的王忬，在〈條處海防事宜仰祈速賜施行疏〉中，便指出：「臣訪得番徒、海寇往來行劫，須乘風候。南風汛，則由廣而閩、而浙、而直達江洋；北風汛，則由浙而閩、而廣、而或趨番國。在廣，則東莞、涵頭、浪北、麻蟻嶼以至潮州之南澳；在閩，則走馬溪、古雷、大擔、舊浯嶼、海門、浯州、金門、崇武、湄州、舊南日、海壇、慈澳、官塘、白犬、北茭、三沙、呂磕、崳山、官澳；在浙，則東洛、南麂、鳳凰、大麥坑、雙嶼、烈港、瀝標、兩頭洞、金塘、普陀，以至蘇松丁興、馬跡等處：皆賊巢也。……合無行下該部移文兩廣軍門、南直隸巡撫操江衙門嚴督將領，一體哨探逐捕；賊既失巢，終當散滅」。見臺灣銀行經濟研究室，《明經世文編選錄》，頁 64。

中，又以近岸離島的巢窟較引人注目，亦即海盜選擇在距離海岸邊不遠處的小島做為自己的窩巢窟穴。像上述這種離海岸陸地「有一點遠，又不會太遠」的海盜巢窟，它通常是具有多種的功能，包括有做為貨物買賣交易的場所，劫掠陸地人、貨的進攻前哨站，海上飲水食糧的補充儲存站，劫掠奪得的贓物儲存地點，或藏匿家小、財貨甚至是人質的場所……等，其中較為人知的，例如浙江的雙嶼、烈港和舟山島上的柯梅，福建的橫嶼、海壇和浯嶼，以及廣東的南澳島（參見附圖一：明嘉靖年間東南海盜巢窟分佈示意圖。）。這類的離島巢窟，是經過一番篩選的，因為，海盜受限於地理位置的適當，交通往來的方便，風信潮候的週期，官軍追捕的防備，以及「人多膽壯，人寡膽寒」的心理層面……等因素的考慮下，他們通常是並不隨便選擇某一地點來當巢窟的，縱使選擇了某小島當巢窟時，亦會對此島周遭保持高度的警戒，而且，縱使該島突然遭受不測之變時，亦會在鄰近地區或沿海鄰省份，事先找到合適可供轉進或是避難的地點，以備不時之需，用「狡兔有三窟」來形容海盜巢據近岸離島的景況，是十分合宜的。

其次，本文選擇福建的浯嶼做為嘉靖時海盜巢據近岸離島的個案作研究，主要是浯嶼位處泉州府廈門的南邊，「孤懸大海中，距廈（門）水程七十里。水道四通，外控大、小擔嶼之險，內絕海門、月港之奸，為（海）澄、廈（門）扼要地」，[4]

---

4　周凱，《廈門志》（南投市：臺灣省文獻委員會，1993 年），卷 4，〈防海略‧

地理位置十分重要。因為，早在太祖洪武（1368-1398）年間，明政府已在浯嶼設立了水師基地－－「水寨」，寨中水兵和戰船羅列，是明代前期閩南海防的重鎮。或許有人會感到驚訝，為何一個明代政府海防兵船的水師基地，最後卻會演成閩海盜寇、倭夷盤據的巢窟？其間轉變之大，令人咋舌！亦因浯嶼賊巢的背景，遠較其餘離島的賊巢來得特別，戲劇性亦高，所以，筆者才想以浯嶼－－此一閩南海上彈丸之地，做為研究海盜巢窟案例原因之所在。

最後，是本文討論的重點，亦即以福建海域（以下簡稱閩海）近岸離島的浯嶼做為主要的研究對象，並以明世宗嘉靖年間做為探討時間的斷限，來討論和分析明代中葉海盜巢據閩海離島的一些問題和現象，希望對十六世紀中前期海盜盤據的閩海離島，能有更進一步的認識。至於，本文探討的問題主要有三，首先是，嘉靖年間海盜巢據浯嶼的經過。其次，是海盜為何會挑選浯嶼做為巢窟的原因。最後，則是海盜巢據浯嶼島上時的情形，因其直接史料至為稀少，筆者透過其他相關的史料，對做為閩南巢窟的浯嶼究竟有哪些功用，以及海盜在浯嶼島上活動時可能會呈現何種的樣貌，做一番的推測和詮釋。

然而，要附帶說明的是，因海盜行動隱匿飄忽，相關史料流傳本已十分有限，而特定地域的記載如浯嶼者，更是稀少可

---

汛地〉，頁 112。。附帶說明的是，筆者為使文章前後語意更為清晰，方便讀者閱讀的起見，有時會在正文中的引用句內"「」"加入文字，並用"（）"加以括圈。例如，文中「距廈（門）水程七十里……」，特此說明。

數，故筆者僅能就個人目前所搜集到的相關資料加以運用，嘗試去推估探究海盜巢據浯嶼的樣貌，內容結論若有不足或有偏頗之處，敬請方家不吝指正之。

## 二、嘉靖年間海盜巢據浯嶼經過

明代海盜在浯嶼活動的時間起源甚早，在明初洪武三年（1370）便有日本倭寇來此泊船，《廈門志》卷十六〈舊事志・紀兵〉載稱：「倭乃日本種類，國有七十二島，即今東洋地。其寇泉州，自洪武三年始；泊浯嶼，是年始」。[5]上文中提及，倭人寇擾泉州並泊船浯嶼，從文句中加以推測，此時的倭人已經有盤據浯嶼為巢窟的可能。至於，日後不久明政府便設水寨於浯嶼以備倭犯，此是否與上述一事有關，因史料闕缺不足，難以判斷兩者之間究竟有何關聯？但可確定的是，自明政府置水寨於浯嶼之後，佈署水軍、兵船以巡戍閩南海域，浯嶼一帶海盜的活動似乎亦消聲匿跡。浯嶼水寨，主要是負責泉州地區的海上防務，在洪武二十年（1387）左右由視師閩海的江夏侯周德興所設立，[6]嘉靖時佈署有兵船四十二艘，[7]駐戍寨軍總計

5 周凱，《廈門志》，卷 16，〈舊事志・紀兵〉，頁 662-663。

6 有關浯嶼水寨的設立，諸多史料（例如杜臻，《粵閩巡視紀略》（臺北市：臺灣商務印書館，1983 年），卷 4，頁 1；懷蔭布，《泉州府誌》（臺南市：登文印刷局，1964 年），卷 25，頁 5；周凱，《廈門志》，卷 4，頁 104；方鼎等，《晉江縣志》（臺北市：成文出版社，1989 年）卷之 7，頁 2；胡宗憲，《籌海圖編》，卷 4，頁 23。）皆直指，江夏侯周德興是該水寨的擘造者，設立的時間以洪

約有三,四四〇人，它的成員來自於附近的漳州衛，永寧衛及其轄下守禦千戶所的官兵；[8]同時，該水寨亦是洪武帝為備禦倭寇的入犯，在福建沿海所建構的防禦體系－－（軍）衛、守禦千戶所、巡檢司和水寨其中的一部份，而和它同一時間或稍後陸續設立的水寨，尚有福寧的烽火門、興化的南日、福州的小埕和漳州的銅山水寨。上述的烽火門、小埕、南日、浯嶼和銅山等水寨，合稱為福建的「五水寨」或「五寨」。

然而，隨著政局昇平日久，人情怠玩粉飾，軍備惰廢空虛，明中期海防的水寨武力逐漸廢弛，衛、所兵丁缺額嚴重，以嘉靖二十六年（1547）的浯嶼水寨情形為例，「浯嶼寨官軍三千四百四十一員名，見在止有六百五十五員名，行糧缺支兩箇月，又如戰哨等船，銅山寨二十隻，見在止有一隻；玄鍾澳二十隻，見在止有四隻；浯嶼寨四十隻，見在止有十三隻，見在者俱稱損壞未修，其餘則稱未造」。[9]而且，更嚴重的是，此時

武二十年左右最有可能。周本人此次奉洪武帝之命，南下建構福建的海防措施，約從洪武二十年到二十三年，時間前後共計三年餘。

7 請參見朱紈，《甓餘雜集》(濟南市：齊魯書社，1997 年)，卷 8，〈查理邊儲事〉，頁 13。

8 浯嶼水寨，平日戍寨有軍官三十八人和兵丁二,八九八人，合計二,九三六人。另外，春、冬汛期時由原來的衛、所再增調有航駛兵船專長的「貼駕征操軍」，前來浯寨支援海上哨巡勤務，它的數目約在五〇〇人左右。故總計約在三,四四〇人。見洪受，《滄海紀遺》(金城鎮：金門縣文獻委員會，1970 年)，〈建置之紀第二・議水寨不宜移入廈門〉，頁 7；黃仲昭，《八閩通志》(福州市：福建人民出版社，1989 年)，卷之 41，〈公署・武職公署〉，頁 872。

9 朱紈，《甓餘雜集》，卷 2，〈閱視海防事〉，頁 18。

的浯嶼水寨已和福建的烽火門、南日水寨的命運相同，由海中離島移向海邊近岸，避入了內港的廈門，[10]大開海盜佔據浯嶼的方便之門。

關於，嘉靖年間海盜盤據浯嶼載於史傳者，目前筆者所能找到的，大約是從嘉靖二十六年（1547）起到四十四年（1565）為止，在這近二十年的時間裏，是明代海盜巢據浯嶼的高潮期。此時，浯嶼島上來往或居住的海盜，不僅成員複雜且出入十分地頻繁，有中國本土的海賊，來自日本的倭寇，以及尋求通市販貿易的佛朗機夷人。因為，受限於相關史料記載內容斷續不完整，以及來源不同的史料（見附表一：「明代海盜浯嶼地區活動大事紀年表」），說法上亦有差異的情況下，要去完全釐清嘉靖時海盜巢據浯嶼的每個細節，並不是件容易的事。筆者僅能就有關之記載加以比對並進行彙整，至於，嘉靖年間海盜巢據浯嶼的經過，大致情形如下所述。

嘉靖二十六年（1547），佛郎機番船載貨來泊浯嶼，和國人進行明政府所不允許的通市販貿活動，漳、泉商人私自前往交易，巡海道副使柯喬調漳州兵攻之，不克；官軍返還後，通市販貿的景況愈甚。[11]二十七年（1548）四月，都御史朱紈遣

---

[10] 請參見章潢，《圖書編》（臺北市：臺灣商務印書館，1974 年），卷 57，頁 19。烽火門水寨由原來三沙堡東面海中的烽火島，避入福寧衛附近岸邊的松山。南日水寨，則由南日島，向內移入對岸的吉了澳。

[11] 請參見羅青霄，《漳州府志》（臺北市：學生書局，1965 年影印明萬曆元年刊刻本），卷之 12，〈漳州府・雜志・兵亂〉，頁 13。

都指揮盧鏜等攻勦雙嶼港賊巢，平之。盧鏜入雙嶼港，搗燬海盜所建天妃宮及營房、船艦，賊巢自此蕩平，俘斬溺死者數百人，餘黨等皆逃逸，遁走福建之浯嶼，盧鏜復大敗之。[12]五月，朱紈為絕海盜巢據之後患，督令官兵以木、石填塞雙嶼港，使賊舟不得復入。[13]二十八年（1549）正月底，泊靠浯嶼的佛朗機夷和海賊船舶，陸續開洋南航。二月，官軍遂發兵船勦討海賊和佛朗機夷人於詔安走馬溪，[14]擒獲通販者賊首李光頭等九十餘人，朱紈採取厲禁手段，行令柯喬及都司盧鏜就地斬之，通販夷船遂遁去。

嘉靖三十三年（1554）倭寇泊船浯嶼，劫掠同安。[15]三十六年（1557）十月初，倭寇抵浙江舟山島，後移舟山的柯梅，造新舟出海，總督右都御史胡宗憲不追勦。十一月，倭寇遂又

---

12 請參見胡宗憲，《籌海圖編》，卷 5，頁 24。雙嶼，位在浙江寧波外海的不遠處。先因，海賊頭目許棟、李光頭引倭人屯聚於此，做為買賣交易的場所。至嘉靖十九年時，佛朗機夷船亦來泊雙嶼，參與此一不被明政府允許的通市販貿活動。

13 請參見嚴從簡，《殊域周咨錄》（北京市：中華書局，1993 年），卷之 2，〈東夷・日本國〉，頁 74。

14 請參見朱紈，《甓餘雜集》，卷 5，〈六報閩海捷音事〉，頁 41。走馬溪，位處漳州詔安濱海處，係嘉靖年間走私猖獗之地，史載，「走馬溪：在（詔安）五都海濱，內有東澳為海口藏風之處，凡寇舡往來俱泊于此。嘉靖間，給事中杜汝禎、叅政曹亨、副使方任等相視，鐫『天視海防』四字于石，未及經理，亦一方之要害也」。見顧亭林，《天下郡國利病書》（臺北市：臺灣商務印書館，1976 年），原編第二十六冊，〈福建・漳州府・詔安縣志・險扼〉，頁 129。附帶一提，本文發表於《興大人文學報》第 32 期時，並無上述走馬溪之說明，今補入相關資料以供參考。

15 請參見林學增等，《同安縣志》（臺北市：成文出版社，1989 年），卷之 3，頁 2。

南去，泊於浯嶼；十二月，尋趨廣東潮州澄海界，劫掠泉州同安、惠安、南安諸縣，閩省大為震駭。三十七年（1558），倭寇遂圍攻福州，漫延至興化，奔突至漳州，廣東潮州間亦紛以倭患告警。同年（1558）五月，海賊洪澤珍和倭寇巢據浯嶼，[16]之後，自焚其巢寨，並進攻同安，知縣徐宗奭拒卻之，不克。十月，倭寇再攻漳州銅山、漳浦、詔安，又為官軍所敗。是年（1558）冬天時，洪澤珍和另一海賊謝策，復再誘倭二、三千人回船泊浯嶼，盤踞為巢窟。

嘉靖三十八年（1559）春天，洪澤珍與倭寇自浯嶼出發，由漳州島尾往渡浮宮，奪掠民舟，散劫月港等處，[17]復還浯嶼

---

[16] 洪澤珍，一作洪迪珍。有關此，《籌海圖編》載稱如下：「時閩、浙、粵海賊著名者，凡十四艅。澤珍入據浯嶼老穴，積年通番，致使漳、泉、福、興之禍連綿不絕。既而攻陷福安，為福建參將黎鵬舉所破，敗逃出海」。見《廈門志》，卷 16，頁 663。關於，海盜洪迪珍的出身，清人沈定均《漳州府誌》曾載道：「洪迪珍初止通販，嘉靖三十四、五年載日本富夷泊南澳，得利，自是歲率一至，致富巨萬，尚未有引倭為寇實跡。或中國人被倭擄掠，輒以物贖之，遣還其人，人頗德之。戊午[按：即嘉靖三十七年]，復來浯嶼，諸惡少群往接濟，絡繹不絕，官府不能禁，設八槳船追捕，竟無一獲；又妄獲商船解官，于是迪珍始輕官府；又拘繫其家屬，迪珍自是無反顧之期，與倭表程為亂，及事窮勢敗，方就招撫，官因其就招而擒之，反張其事以為功，因著于篇以示戒云」。見該書（臺南市：登文印刷局，1965 年），卷 48，〈紀遺上〉，頁 39。附帶一提的是，上文中出現〝[按：即嘉靖三十七年]〞者，係筆者所加的按語，本文以下的內容（包括正文的部分），若再出現按語，則省略如上文的〝[即嘉靖三十七年]〞，特此說明。

[17] 月港，原屬漳州府龍溪縣境內，係海盜、私販活動的大本營，嘉靖二十八年時，巡視浙、福都御史朱紈便曾上疏道：「閩之要害若月港，首宜創邑」，建議於該地增置邑縣，以便管理監督。穆宗隆慶元年時，明政府遂設海澄縣於此，並置縣治於月港。本文發表於《興大人文學報》第 32 期時，並無此條註

巢穴；三月，再北擾福寧州，攻陷福安；四月為參將黎鵬舉所破，洪敗遁出海，餘黨遁屯海壇島，後再進犯漳州；[18]五月，部分餘黨南向奔竄，遁入南澳島巢居之。此時，另一股倭寇又因浙江官軍剿討，舟山賊巢傾破，遂南奔福建，亦竄入浯嶼，並焚掠居民。三十九年（1560）四月，漳州海賊謝萬貫率十二舟自浯嶼引倭寇攻陷金門，大掠一番，同安知縣譚維鼎率義兵馳赴救援。五月，參將王麟等人追擊倭寇於鼓浪嶼及刺嶼尾，大敗之。[19]

嘉靖四十一年（1562），倭寇復大舉流竄，多處衛所郡縣遭攻陷，廣州海賊吳平復來泊浯嶼，盤據舊巢以應賊寇；是時，賊氛大熾，嘉靖帝命總兵俞大猷、劉顯督兵討賊，俞、劉率兵親搗浯嶼巢窟，賊始遁去。四十二年（1563），福建巡撫譚綸、總兵戚繼光奏請復水寨於舊地，議遷該寨回浯嶼，後不果行。[20]四十四年（1565）八月，海賊吳平等人駕船四百餘艘，出入南澳、浯嶼之間，謀犯福建，水師把總朱璣、協總王豪引兵擊之海中，賊突奄至，圍官軍數里，朱、王二人俱陷沒而亡。[21]

---

釋，今補入相關說明，以供讀者參考。

18 請參見鄭若曾，《籌海重編》（永康市：莊嚴文化事業有限公司，1997 年），卷之 8，頁 126。

19 請參見周凱，《廈門志》，卷 16，〈舊事志・紀兵〉，頁 662。

20 請參見杜臻，《粵閩巡視紀略》，卷 4，頁 44。嘉靖四十二年，巡撫譚綸、總兵戚繼光見浯嶼在水寨遷走後為海盜盤據，曾議請恢復水寨於浯嶼，但此一建議，後來明政府並未接受實施。

21 請參見李國祥、楊昶，《福建明實錄類纂（福建臺灣卷）》（武漢市：武漢出版社，1993 年），〈海禁海防〉，頁 492。

由上可知，在一開始，近岸的離島常有海商與倭、夷進行不被明政府允許的走私貿易，但因都御史朱紈嚴厲的查禁措施，加上，浙江走私大巢窟的雙嶼又被明政府搗毀的情況下，海商轉而變為海盜，並且，勾引倭人進行劫掠，荼毒沿海百姓。至於，原為私販貿易據點的浯嶼，便和其他近岸離島如舟山、海壇、南澳等，成為海盜四處流竄的巢穴之一。尤其是，浯嶼位處漳、泉交界的海上，是浙、閩、粵三省往來必經之地，不僅只有福建本地的海盜倚此為巢窟，其他由浙江南逃或廣東北竄的倭寇和海盜，亦常以此做為物資整補和徒眾休息的處所，或者在此和其它股的海盜匯聚合流，甚至，部分的賊眾欲流竄他處時，亦以此島做為分道揚鑣的處所。總之，浯嶼在嘉靖年間東南倭禍慘變時，它同時扮演著賊寇的巢穴、中繼站或轉進他處的基地等多重的角色。

## 三、海盜巢據浯嶼原因之探討

在探討海盜為何會盤據浯嶼為巢窟這個問題之前，有必要先來介紹浯嶼這個小島。浯嶼，地處在今日廈門的南邊海中，距離廈門只有六海里，全島面積零點九六平方公里，水道四通八達，自古以來便是廈門、同安、海澄等地的海上門戶。[22]在

---

22 請參見陳建才，《八閩掌故大全：地名篇》（福州市：福建教育出版社，1994年），〈海防要塞浯嶼島〉，頁 204。

明代時，浯嶼此一位在泉州和漳州府交界的海中孤島，雖然地較近漳州府，但卻隸屬於泉州府轄下。[23]神宗萬曆元年（1573）刊刻的《漳州府志》，曾對浯嶼的周遭環境，做了一簡明扼要的說明：「浯嶼，在同安界海中，林木蒼翠，上有天妃廟，官軍備倭於此。今遷于嘉禾（嶼），遂為盜泊舟之所」，[24]文中的「嘉禾」，便是廈門島，此時備倭的水寨官軍，已由原先的浯嶼遷來此地。關於此，清宣宗道光（1821-1850）年間，周凱的《廈門志》卷二〈分域略‧山川〉的「浯嶼」條中，便載稱：

> 浯嶼，在廈門南大海中；水道四通，為海澄、同安二邑門戶。嶼對金門之陳坑，明江夏侯周德興置水寨；成化中，寨移廈門，仍曰浯嶼寨。山奧崎嶇，賊據為窟穴。嘉靖間，復議舊置。其實為廈門要隘，今設防汛。上建天后廟。嶼前有小嶼，曰浯案嶼；嶼後海石叢生，名九節礁。[25]

其它，如清聖祖康熙（1662-1722）時的工部尚書杜臻，在《粵閩巡視紀略》一書中，亦曾對明代浯嶼的地理環境，以

---

[23] 浯嶼，雖地較近漳州，在明代卻屬泉州轄下。此可由《明史》三百二十五卷「考證」中得知：「佛郎機傳。其人無所獲利，則整眾犯漳州之月港、浯嶼，州改泉。按一統志。月港為漳州所轄。浯嶼為泉州所轄，兵志並同，此作漳州，誤」。見張其昀編校，《明史》（臺北市：國防研究院，1963 年），卷 325，〈彙證〉，頁 3725。

[24] 羅青霄，《漳州府志》，卷之 30，〈海澄縣‧輿地志‧山川〉，頁 4。

[25] 周凱，《廈門志》，卷 2，〈分域略‧山川〉，頁 30。

及海盜侵擾的歷史做過一番描述，其情形如下：

> 舊浯嶼，[26]在擔嶼西南海中，北至中左南至鎮海各半，潮水周圍五里，地屬海澄縣，居民二千餘家，稍折而內入為島尾、卓崎、破灶洋，為盜賊出沒之區，海澄、中左門戶也。明初，設水寨公署於此。成化間，徙廈門。嘉靖三十七年，賊首洪澤珍勾倭入犯，盤據舊寨為巢，偏歷興、泉、漳、潮之境。……天啟初，紅夷入犯，亦以此為窟宅。澳內，可泊南北風船百餘。[27]

上文中提及的，曾佔浯嶼為窟宅的「紅夷」即荷蘭人，他們在重要史料《熱蘭遮城日誌》（De Dagregisters Van Het Kasteel Zeelandia，Taiwan，1629-1662）中亦對浯嶼做過生動且詳實的紀錄。荷人稱浯嶼（Gousou）為「有塔之島」（Eiland van de Toren），西元一六三〇年（明崇禎三年）三月時，曾對該島做了詳細的考察，內容如下：

---

[26] 在明清閩海史料中，常出現「舊浯嶼」，其實指的便是原來的浯嶼，那為何要稱做「舊」浯嶼？主要是，因明初設水寨於浯嶼，「浯嶼」二字常是浯嶼水寨和浯嶼島嶼的簡稱。但是，浯嶼水寨後來遷去廈門，後又再北遷至晉江的石湖，此時也有以「浯嶼」二字繼續稱已遷至去廈門或石湖的浯嶼水寨。至於，原本的島嶼浯嶼，而為使清楚區別，改稱為「舊浯嶼」，此是「舊浯嶼」名稱的由來。

[27] 杜臻，《粵閩巡視紀略》，卷 4，頁 43。

三月十一，十二，十三，十四日。……今天長官普特曼斯閣下帶著隨從航往浯嶼（Coissu）島，即那個我們稱之為「有塔之島」，去從各方面觀察該島。看到立在該島上的那個塔，完全沒用木料，都用砍銼而成的石頭建造的，有七層樓台，高一五〇呎，下面周圍四十步。島上還有個堡壘，連接著兩個四角形的碉堡，大部分都用砍銼而成的石頭建造的，周圍有九百步；牆高達十一呎，牆有四呎高的胸牆，牆寬三、四到五呎，牆的內外兩面都用石頭建造，中間用土和沙填滿；那兩個碉堡各造在一個高地上，但該塔所在的那平地比這些高地樹木稀少，沒有淡水，只有在該塔附近海邊的低處有一口井；那裡有幾間房屋，但沒有人居住，今晚長官回到船上。[28]

---

28 江樹生譯註，《熱蘭遮城日誌（第一冊）》（臺南市：臺南市政府，2000 年），頁 21。文中的普特曼斯（Hans Putmans），此人在當時係荷蘭東印度公司派駐臺灣，並主管中國沿海事務的最高長官，任期是從 1629 至 1636 年，其個人相關事蹟，請參見拙作，〈從《熱蘭遮城日誌》看荷蘭人在閩海的活動（1624-1630 年）〉，《臺灣文獻》第 52 卷第 3 期（2001 年 9 月），頁 341-355。另外，正引文中的浯嶼，荷文稱作 Coissu，而筆者卻在上文指出，荷人稱浯嶼為 Gousou，兩者似有出入？因為，在《熱蘭遮城日誌（第一冊）》正文底下的原註 35 和 41（見該書，頁 9 和 10。），又曾分別指出，「Gousou，浯嶼，位於廈門灣口」和「Eiland van de Toren，有塔之島，即浯嶼」。至於，為何會有 Coissu 和 Gousou 之差異，筆者臆測，疑與拼音出入有關，而本文發表於《興大人文學報》第 32 期時，並無此內容，今特別補入說明，以供讀者參考。

根據荷人上述的描述，吾人推測他們所提及的碉堡，有可能是昔日浯嶼水寨堡壘的一部份，或是海盜巢據時所遺留下來的建築物。

至於，海盜為何會盤據浯嶼為巢窟？它的原因主要有二：一是浯嶼地理位置的特殊性，吸引海盜前來盤據為巢。另一則是明政府不當的政策所導致，亦即福建地方當局將浯嶼水寨遷離了浯嶼，這是開啟海盜巢據浯嶼關鍵原因之所在。首先是，浯嶼地理位置的特殊性。因為，該島「孤懸海表，控制要衝」，[29]在地理位置上大約有如下的七個特質：

第一、浯嶼是距福建省城遙遠的「三不管地帶」。浯嶼是泉州府同安縣的東南邊海上的離島，距離福建政治中心的福州城十分地遙遠，從地理路程的角度來看，福建當局對此地的統治掌控力量較為薄弱，用「天高皇帝遠」來形容福州城和浯嶼的地理相對關係，應該是妥切的，或許，這正亦是為何明初設立水寨於此的原因之一。不僅如此，浯嶼又位在泉州和漳州兩府轄境交界的海上，是屬「三不管地帶」，這種地理的優越位置，當然會吸引海盜來此發展。

第二、浯嶼港澳優良，可泊船、汲水和躲匿風颶。浯嶼島上有水井，不僅可以提供泊船取汲用水外，島的西邊有灣澳稱「浯嶼澳」，澳內平穩無波，來往船隻可避風颶。《廈門志》卷

---

[29] 周凱，《廈門志》，卷 2，〈分域略・形勢〉，頁 19。

四〈防海略・島嶼港澳〉便稱：「浯嶼澳，在浯嶼西，前對島美村。灣澳平穩，可泊避風」；[30]「浯嶼澳，內打水四、五托，沙泥地。南北風，可泊船取汲。（浯）嶼首、尾兩門，船皆可行。惟尾門港道下有矵礁，船宜偏東而過；識者防之」；[31]「舊浯嶼……澳內，可泊南北風船百餘」。[32]

第三、浯嶼島上草木茂密，方便藏棲和進行不法勾當。浯嶼，地處泉、漳二府交界處的海上，而且島上林木茂盛，易於藏匿或在此進行不法的勾當。關於此，明代早期的文獻《八閩通志》便曾載稱，該島「林木蒼翠，上有天妃廟，官軍備倭者，置水寨於此」。[33]它主要提供了兩個訊息，一是除了說明浯嶼水寨最早的功能是為防備倭寇而設的之外，另一則是在孝宗弘治（1488-1505）初年以前的浯嶼是林木蒼翠的。而此一浯嶼島上林木蒼翠的地表特徵，一直到清末沈定均編撰《漳州府誌》時，[34]還如此地被提及著。甚至於，由今日的浯嶼景象，所呈現「島上青山翠谷，綠草如茵，一灣潔白細軟的沙灘，遼闊而平展」的景象看來，[35]似乎亦都可應證著，浯嶼並非是個

30 周凱，《廈門志》，卷 4，〈防海略・島嶼港澳〉，頁 123。
31 周凱，《廈門志》，卷 4，〈防海略・島嶼港澳（附南洋海道考）〉，頁 138。
32 杜臻，《粵閩巡視紀略》，卷 4，頁 43。
33 黃仲昭，《八閩通志》，卷之 8，〈地理・山川・漳州府・龍溪縣〉，頁 144。
34 沈定均，《漳州府志》，卷 4，〈山川〉，頁 24。
35 葉時榮，《廈門文化叢書（第一輯）：廈門掌故》（廈門市：鷺江出版社，1999 年），〈地名篇・浯嶼〉，頁 14。

貧瘠不毛、草木不生的荒島，而是一個林木茂盛、充滿綠意的小島。這種青山綠谷、草樹豐茂的複雜環境，卻亦提供給海盜一個陸上棲息和藏匿的良好處所，以及進行買賣、走私等不法勾當的方便地點。

第四、浯嶼是浙、閩、粵三省海上往來的交通要地。因為，「地有南北，時有冬夏。自春徂夏，則時多南風，而利于北行；自秋徂冬則多北風，而利于南行。此番泊往來出沒之候也」。[36]亦即在風帆船的時代裏，不管是商賈、水軍、甚或海盜倭夷，他們的船舶航行於海上，主要是靠風候潮汐。例如「倭船之來，恆在清明後，前乎此則風候不常，故倭不利於海行，屆期則東北風面不變也。過五月風自南來，倭不利於行矣。重陽後，風亦有東北者。過十月後，風自西北來，亦非倭所利矣」。[37]亦因如此，福建沿海的汛防，也以風向為依歸，「凡汛春以清明前十日出三個月收，冬以霜降前十日出二個月收。收汛畢日，軍兵放班，其看船兵撥信地小防」。[38]不管是，由粵入閩或由浙入粵，浯嶼是東南海上交通來往的必經之地。《籌海圖編》

36 鄭若曾，《籌海重編》，卷之 12，頁 106。

37 顧祖禹，《讀史方輿紀要》（臺北市：新興書局，1956 年），卷 4，〈海夷圖第十九〉，頁 5694。另外，懷蔭布《泉州府誌》亦載稱：「蓋倭從東北入寇，以風為準，東風多則犯福建。清明後多東北且積久不變，至五月則風自南來，重陽後亦有東北，至十月則風自西北來。故設防者，亦以風為準」。見該書，卷 24，〈軍制・水寨軍兵〉，頁 35。

38 懷蔭布，《泉州府誌》，卷 24，〈軍制・水寨軍兵〉，頁 35。

卷四〈福建事宜〉中，便指稱道：「三、四月東南風汛，番船多自粵趨閩，而入於海。南粵[誤字，應為「澳」]、雲蓋寺、走馬溪乃番船始發之處，慣徙交接之所也。附海有銅山、玄鍾等哨守之兵，若先分兵守此，則有以遏其衝而不得泊矣，其勢必拋於外浯嶼；外浯嶼，乃五澳地方番人之窠窟也。附海有浯嶼、安邊等哨守之兵，若先會兵守此，仍撥小哨守把緊要港門，則必不敢以泊此矣」。[39]

第五、浯嶼位處河、海交會口處，是前進漳、泉二地的跳板。除依風向往來之外，海盜的習性通常是「大船常躲匿外洋山島之處，小船時出而為剽掠」。[40]因為，浯嶼除了是南、北風汛出入粵、閩、浙三省必經之地外，同時，又因位處在九龍江河海交會口處一帶，更是進入漳、泉二府地區的前進跳板，故海盜常將通海大型船舶泊於浯嶼，並倚此為巢窟，然後再行更換中小型的舟船，做為進入內陸貨物交易，甚或劫奪剽掠的交通往來工具。陳仁錫在《皇明世法錄》卷七十五〈各省海防・海寇出沒之所〉中，便有如下的記載：「海寇往來，其大船常躲匿外洋山島之處，小船時出而為剽掠。在浙，常於南麂山住船，雙嶼港出貨，若東洛、赭山等處則皆其別道也。在閩，常於走馬溪、舊浯嶼住船，月港出貨，若安海、崇武等處則皆其

39 胡宗憲，《籌海圖編》，卷4，〈福建事宜〉，頁25。

40 陳仁錫，《皇明世法錄》（臺北市：臺灣學生書局，1965年），卷75，〈各省海防・海寇出沒之所〉，頁20。

游莊也」。[41]

第六、浯嶼和陸地有點遠又不會太遠，進可攻退可守，地點絕佳。

浯嶼和泉、漳二府海岸線僅一水之隔，並與廈門、金門二島，同安、海澄二縣的陸地，有點距離卻又不會太遙遠，進可攻退亦可守，地理位置絕佳，是海盜挑中該島重要的原因。熹宗天啟三年（1623），福建巡撫商周祚在荷蘭人入據澎湖騷擾閩海時，便直指：「紅夷[指荷人]自六月入我彭湖，專人求市，辭尚恭順。及見所請不允，突駕五舟犯我六敖。……賊遂不敢復窺銅山，放舟外洋，拋泊舊浯嶼。此地離中左所僅一潮之水。中左所為同安、海澄門戶，洋商聚集於海澄，夷人垂涎」。[42]由上文中，得悉荷人泊船浯嶼，目的亦是以此做為進攻廈門、同安、海澄等地的前進基地。此一說法，亦可由清初陳元麟在〈海防記〉一文中，得到間接的證實，陳亦指出，浯嶼是海澄的門戶，「寇內犯於月港，必巢于外浯嶼」。[43]

---

41 陳仁錫，《皇明世法錄》，卷 75，〈各省海防・海寇出沒之所〉，頁 20。

42 臺灣銀行經濟研究室，《明季荷蘭人侵據彭湖殘檔》（南投市：臺灣省文獻委員會，1997 年），〈福建巡撫商周祚奏（天啟三年正月二十四日）〉，頁 1。文中的「六月」，係指天啟二年六月，「中左所」是明福建中左守禦千戶所，在廈門島上。

43 有關清人陳元麟〈海防記〉一文，節略如下：「浯嶼者，海中地也，控於漳，為澄[指海澄]門戶。浯嶼亦水寨，皆江夏侯建，乃海澄、同安門戶，後遷于廈門，而故地遂為賊船巢窟。去海澄八十里，原築水寨及東西二炮臺，今廢。……寇內犯於月港，必巢于外浯嶼，守在港口，防于大泥，外扼于鎮海，而以中第七、浯嶼是月港的門戶，月港是浯嶼的內港（參見附圖二：明萬曆元年刻本《漳州府志》海澄縣圖。）。浯嶼地近泉、漳二地交界的九龍江出海口處，距離漳州私販貿易大本營的月港不遠，兩地來往十分方便，有利於海盜私商交易的進行。在穆宗隆慶元年（1567）海澄設縣治於月港之前，原屬龍溪縣境內的月港一直是漳州海盜私商買賣的大本營，它和外緣的浯嶼距離不遠，海盜通常先泊船巢棲在浯嶼，之後，再行前往月港私貿交易或是由此潛入內陸劫掠。在前面的第五點和第六點中所提及到的，海盜「常於舊浯嶼住船，月港出貨」以及「內犯於月港，必巢于外浯嶼」，便是此一道理的明証。

其次是，明政府不當的政策。亦即明政府將浯嶼水寨遷離了浯嶼，這是開啟海盜巢據浯嶼的關鍵所在。水寨由浯嶼遷入廈門的時間，主要有英宗正統（1436-1449）初年、代宗景泰三年（1452）、憲宗成化（1465-1487）年間和嘉靖初年等不同的說法。[44]而上述的四個相異年代的說法中，可確定的是，第四種「嘉靖初年」的說法是不可能成立的。因為，黃仲昭的《八

左之兵憂之」。引自沈定均，《漳州府誌》，卷 46，〈藝文六〉，頁 13。依上文的內容看來，該文完成的時間，估計約在鄭成功據臺後不久之時。而文中提及的地名「港口」、「大泥」和「鎮海」，皆在漳州海澄一帶。

44 浯嶼水寨遷入廈門島中左所的時間，各家說法的出處如下：即一為明英宗正統初年（見卜大同，《備倭記》，卷上，頁 2。），一為代宗景泰三年（例如周凱，《廈門志》卷 3，〈兵制考・歷代建制〉，頁 80。），另一為憲宗成化年間（見顧祖禹，《讀史方輿紀要》，卷 99，頁 4105。），以及世宗嘉靖初年（見陳壽祺，《福建通志》（臺北市：華文書局，1968 年）卷 86，頁 22。）

閩通志》卷之四十一〈公署・武職公署〉載稱：「浯嶼水寨，在府城西南同安縣嘉禾（嶼）。舊設于浯嶼，後遷今所，名中左所」，[45]因該書完成於弘治二年（1489），而上文中又提及「後遷今所」，指浯寨當時已遷入廈門中左所，此同時證明兩件事，一是浯寨遷入廈門應不晚於此時，二是上述嘉靖初年的說法大有問題，根本不成立。至於，其他三種的說法何者是正確的，嘉靖年間胡宗憲的《籌海圖編》都概言道，浯寨「不知何年建議遷入廈門地方」，[46]吾人今日要完全正確去斷定浯寨遷入廈門的時間誠屬十分地不易，筆者目前僅能下的結論是，浯寨遷往廈門的時間絕對不晚於弘治二年（1489），上述的「正統、景泰和成化年間」等三種說法都有可能成立，但真正的事實卻只有一個而已，此有待日後發掘更多相關史料，以證明何者是正確的，筆者不在此做進一步的臆測。

至於，浯嶼水寨為何會遷離浯嶼？根據何喬遠《閩書》的說法是，浯嶼「國初建寨焉。久之，以其孤遠，移入廈門，而寨名仍舊。廈門者，中左千戶所嘉禾嶼地也」。[47]即地處「孤遠」是造成水寨遷離浯嶼的原因。周凱在《廈門志》亦指稱：

> 洪武二十一年，周德興於沿海要害處置巡檢司十八。復於大擔、南太武山外，置浯嶼寨，控泉郡南境。撥永寧、

---

45 黃仲昭，《八閩通志》，卷之 41，〈公署・武職公署〉，頁 872。

46 胡宗憲，《籌海圖編》，卷 4，〈福建事宜・浯嶼水寨〉，頁 23。

47 何喬遠，《閩書》（福州市：福建人民出版社，1994 年），卷之 40，頁 989。

> 福全衛所兵二千二百四十二人，合漳州衛兵二千八百九十八名戍之；統以指揮一員，謂之把總。歲輪千、百戶領衛所軍，往聽節制。景泰三年，巡撫焦宏以孤懸海中，移廈門中左所。[48]

有關此，萬曆四十年（1612）蔡獻臣撰寫的〈同安志〉亦提及道：「浯嶼水寨，原設於舊浯嶼山外，不知何年建議，與烽火、南日一例，改更徙在廈門。說者謂，浯嶼孤懸海中，既少村落，又無生理，賊攻內地，哨援不及，不如退守廈門為得計」。[49]另外，明人顧亭林則認為，「在漲海中無援」是浯嶼水寨和其他的水寨被遷走的原因所在，他在《天下郡國利病書》原編第二十六冊〈福建・興化府志・水兵〉中，嘗指道：

> 國初，立水寨三，烽火門【屬福寧州】，南日山【屬興化府】，浯嶼【屬泉州府】。景泰間，增署小埕【屬福州府】，銅山【屬漳州府】，共五寨。後以各寨在漲海中無援，奏移內港。[50]

---

48 周凱，《廈門志》，卷3，〈兵制考・歷代建制〉，頁80。

49 蔡獻臣，《清白堂稿》（金城鎮：金門縣政府，1999年），卷8，〈同安志・浯嶼水寨〉，頁639。

50 顧亭林，《天下郡國利病書》，原編第二十六冊，〈福建・興化府志・水兵〉，頁55。至於，上文符號"【】"中的文字，係原書之按語，以下之內容若再出現此者，意同。附帶說明的是，本文發表於《興大人文學報》第32期時，所採用的顧亭林《天下郡國利病書》，係由臺北市老古文化事業1981年出版之版本（即引自該書，卷91，〈福建一・水兵〉，頁13。），今為和註釋14增其實，不管是地處孤遠或是「在漲海中無援」，它們兩者之間的道理是相通的，因為，前文在說明浯嶼的地理環境時，引述的史料中曾多次出現「孤懸大海中」、「在廈門南大海中」、「在擔嶼西南海中」……等字眼來形容這個海中孤島，「孤懸海中」這正亦是浯嶼水寨被遷走的原因。因為，浯嶼是海中的孤島，島上戍守輪值的水寨將弁才會感受到「在漲海中無援」的恐懼，亦因此才會有奏移內港廈門一事的產生。浯嶼雖「孤懸海中」而有「在漲海中無援」的缺憾，但是，事體有兩面，有利必有弊，浯嶼水寨遷離了浯嶼移到廈門，可說是弊遠大於利，是明政府的一大失策，此可由以下廈門和浯嶼兩地優缺點比較當中，得到一些印證。

第一、浯嶼水寨移到廈門的缺點。因為，浯嶼水寨遷到浯嶼北方較近九龍江出海口的廈門島（參見附圖三：明代福建漳泉沿海示意圖。），使得明政府對漳、泉二府外沿一帶海域情況的掌握能力相對地減弱。更嚴重的是，浯嶼水寨遷入內港的廈門後，該地山奧崎嶇，海盜登岸上泖所用的船隻較小，能輕舟深入近灘淺港，而水寨兵船卻因船體較大行動不便，雙方遭遇時，水寨兵船無法發揮功能。[51]不僅如此，浯嶼水寨遷入廈門後，和原本「設水寨於海中，禦盜寇於海上」的戰略構想背道而馳，同時，更方便於水軍將弁苟安於腹裡內港，並造成「寇

補走馬溪相關說明所用之版本一致，故改以臺北市臺灣商務印書館 1976 年之版本，同時，並將正文和正引文的部分文字，做了些許的調整，特此說明。

[51] 請參見顧祖禹，《讀史方輿紀要》，卷 99，頁 4105。

賊猖獗於外洋，而內不及知」的惡果。[52]嘉靖四十二年（1563）前後，明政府在討論是否要復設水寨於浯嶼時，對於浯嶼地理重要性和水寨遷入廈門引發弊端而有深刻體會的金門人洪受，在他〈議水寨不宜移入廈門〉一文中，便痛陳水寨不設浯嶼是致亂的根源，以及官軍用「若水寨復設浯嶼，會有孤危掩襲之失」來迷惑當政者。[53]

第二、浯嶼水寨設在浯嶼的優點。浯嶼有其地理上的特殊優點，嘉靖年間曾任泉州惠安知縣的仇俊卿，[54]便認為「浯嶼水寨舊址，向在海洋之衝，可以據險，寇不敢近」，[55]但是今日遷入廈門卻造成嚴重的缺失，「移近數十里，在于中左所地方，與高浦所止隔一潮，致月港、松嶼無復門關之限，任其交通。

52 洪受，《滄海紀遺》，〈建置之紀第二・議水寨不宜移入廈門〉，頁8。本文發表於《興大人文學報》第32期時，並無此條註釋，而且，此段語句原為「盜寇猖獗於外洋，而內港不及知」，今改以洪書原文的「寇賊猖獗於外洋，而內不及知」來加以呈現，特此補充說明。

53 請參見同前註。

54 仇俊卿，江蘇海鹽人，舉人出身。在《籌海圖編》，仇俊卿作閩縣知縣（見該書卷4，頁30。），筆者翻查陳壽祺《福建通志》〈明職官〉的福州府閩縣知縣部分，並無仇氏此人的記載（見該書卷97，頁8。），但在泉州府惠安知縣條下，卻有仇氏其人，任職期間在嘉靖年間（見同前書，卷103，頁17。）。另外，懷蔭布《泉州府誌》卷27〈文職官下・惠安知縣〉中亦曾載道，仇氏籍貫海鹽，出身舉人，嘉靖二十九年任惠安知縣，後因貪污去職（見該書，卷27，頁61。）。故筆者疑以為，《籌海圖編》所載仇俊卿曾任閩縣知縣一職，似應有誤。

55 胡宗憲，《籌海圖編》，卷4，〈福建事宜〉，頁30。本文發表於《興大人文學報》第32期時，遺漏此條註釋，今加以補入，特此說明。

其舊浯嶼，基乃為寇之窠穴」。[56]另外，羅青宵的《漳州府志》卷之七〈兵防志・險扼〉「水寨」條中亦指出：「浯嶼水寨，舊設在大擔、太武山外，可以控制漳、泉二府。成化年間，有倡為孤島無援之說，移入內港廈門地方，賊舟徑趨海門，突至月港，無人攔阻，官舟泊崖淺□[疑為「澀」字]，不可推移，常至失事」，[57]設立水寨於浯嶼，其原始的構想便在於它能讓明政府同時可以控制漳、泉二府。除此，洪受亦認為，浯嶼「蓋其地突起海中，為同安、漳州接壤要區，而隔峙於大小嶝、大小擔、烈嶼之間，最稱險要。賊之自外洋東南首來者，此可以捍其入，自海倉、月港而中起者，此可以阻其出，稍有聲息，指顧可知。江夏侯之相擇於此者，蓋有深意焉」。[58]洪氏所言，亦可由金門的同鄉晚輩蔡獻臣所說的，「浯嶼一片地，在中左所海中，中左門戶也」，[59]設水寨於此一要地，係「祖宗設官，良有深意」的一番話中，[60]得到一些印證。

---

56 同前註。文中「高浦所」即高浦守禦千戶所，在同安縣西南陸上岸邊，與廈門中左所止隔一潮之水。

57 羅青霄，《漳州府志》，卷之 7，〈兵防志・險扼・水寨〉，頁 13。

58 洪受，《滄海紀遺》，〈建置之紀第二・議水寨不宜移入廈門〉，頁 7。文中的「江夏侯」是指周德興，即浯嶼水寨的建構者，洪武帝封為江夏侯。洪武二十五年時，周因其子亂法，慘遭連坐誅死。

59 蔡獻臣，《清白堂稿》，卷 10，〈答南二撫泰院〉，頁 851。本文發表於《興大人文學報》第 32 期時，遺漏此條註釋，今特別加以補入。另外，需補充說明的是，前述篇名的「答南二撫泰院」，疑字倒置有誤，應為「南二泰撫院」，「二泰」一作「二太」，係天啟年間福建巡撫南居益之稱號，特此說明。

60 請參見同前註。

綜合以上兩點的內容，可以得知，浯嶼水寨設在廈門的缺點，就是減弱明政府對漳、泉外沿海域情況的掌握能力，將弁苟安於腹裡內港，海盜猖獗於外而內不及知，以及內港山澳崎嶇，官軍舟大難行每失事機……等種種重大的缺失；[61]浯嶼水寨在浯嶼的優點，在扼「海洋之衝，可以據險，寇不敢近」，明初設水寨於此，「良有深意」。值得一提的是，明代此種「有浯嶼無廈門，有廈門無浯嶼」的海防盲點，一直要到清代才獲得較完整的解決，清政府打破昔日的盲點，認清了浯嶼「孤懸海中」、「在漲海中無援」，以及廈門外海有事、內不及知的不足處，設立福建水師提督於廈門，並設守備分兵戍守浯嶼。[62]清政府此一兼顧廈門、浯嶼兩地，據內外險而兼收其勢的做法，終於總算亦解決了明代以來一直無法兼顧廈門、浯嶼兩地的重大海防缺點。

明政府放棄浯嶼這個控制漳、泉二府的閩南海上門戶，此一錯誤的措施卻造成一連串的後遺症，如「賊舟徑趨海門，突至月港，無人攔阻」;「致月港、松嶼無復門關之限，任其交通」。

---

61 有關上文所稱「內港山澳崎嶇，官軍舟大難行，每失事機」的缺失現象，原始的文句請參見顧祖禹，《讀史方輿紀要》，卷 99，頁 4105。本文發表於《興大人文學報》第 32 期時，遺漏此條註釋，今特別加以補入。

62 陳壽祺，《福建通志》，卷 86，頁 22。其原文節略如下：「浯嶼，界於同安。康熙初年，設浯嶼營。後裁。今，屬水師提標中營分防。浯嶼，外控大、小擔之險，內可以絕海門、月港之奸。明嘉靖初，遷入廈門。前人以為自失其險，然彈丸黑子屯聚無多。今，聚水師提督於廈門，以障金門之海口，而別駐守備於浯嶼，蓋據內外險而兼收其勢也」。

而水寨遷走後的浯嶼，則因「其地既墟，番舶南來遂據為巢穴」。[63]吾人若檢視閩海的歷史，可以發覺到海盜勢態猖獗的時期，通常和明政府海防廢弛有關，而浯嶼這個位居漳、泉海上要津卻為明政府捨棄的小島，在這時便成為倭、夷、海盜覬覦的對象，並以此做為泊船巢據的場所。這個現象一直至明末都還存在著，天啟（1621-1627）年間東來求市的荷蘭人亦曾入泊此島以為窟宅，蔡獻臣在寫給當時福建巡撫南居益的信中，便曾提及此事：

> 近聞，紅夷復入浯嶼求亙[疑誤字，應「互」]市，而不佞臣因思祖宗設官，良有深意，浯嶼一片地，在中左所海中，左門戶也，先朝設把總於此，官因名焉，嗣且縮於中左之城外，嗣且移於晉江之石湖，而浯嶼遂成甌脫，往尚有人居數家，汛時汛兵，朝往暮歸。今紅夷來必泊之，則此地之要明甚。[64]

確實，明政府不深思祖宗設水寨於浯嶼之深意，硬將水寨遷入廈門，此一主動放棄浯嶼的舉動，成為嘉靖年間海盜巢據該島的肇始原因，亦是海盜巢據浯嶼此一問題發生的核心根源。對此，嘉靖年間視師江浙的通政唐順之，便曾痛陳道：

---

63 懷蔭布，《泉州府誌》，卷 25，〈海防〉，頁 22。

64 蔡獻臣，《清白堂稿》，卷 10，〈答南二撫泰院〉，頁 851。

> 國初，防海規畫，至為精密。百年以來，海烽久熄，人情怠玩，因而惰廢。國初，海島便近去處，皆設水寨，以據險伺敵。後來，將士憚於過海，水寨之名雖在，而皆自海島移置海岸，聞老將言雙嶼、烈港、峿【誤字，應「浯」】嶼諸島，近時海賊據以為巢者，皆是。國初水寨故處，向使我常據之，賊安得而巢之？今宜查出，國初水寨所在，一一脩復。[65]

即唐順之認為，「國初水寨故處，向使我常據之，賊安得而巢之？」因明政府的失策，將福建海防水寨內遷，開啟海盜進犯內地的方便之門，讓他們有機會來到浯嶼。所以，浯嶼縱使它擁有再好的地理背景條件，具備如前文所述地理位置上吸引海盜前來巢據的七個特質，但海盜尚不至於膽大到敢去進犯甚或佔領水軍兵船基地的水寨所在地浯嶼。由此可知，若無明政府先前的內遷水寨到廈門「開門揖盜」的不智之舉，便不會有嘉靖年間海盜巢據浯嶼、四出剽掠情事的發生。換言之，明政府不當的政策，是海盜巢據浯嶼的先決條件；而浯嶼優越特殊的地理因素，則是誘引海盜巢據該島的另一項條件。

[65] 唐順之，《奉使集》（永康市：莊嚴文化事業有限公司，1997 年），卷 2，〈題為條陳海防經略事疏〉，頁 45。

# 四、海盜巢據浯嶼活動樣貌推估

關於海盜在浯嶼島上活動的情形，由於海盜行蹤隱秘且飄忽不定，相關史料流傳本已有限，而特定時、空間如本文所探討明嘉靖時期浯嶼海盜，其直接記載史料更是稀寥可數。受限於先天文獻不足的缺憾，欲對嘉靖年間海盜在浯嶼島上的活動情況，做一完整的敘述說明實有困難。故本節的內容，筆者僅能就目前收集到海盜巢據浯嶼的史料，並利用嘉靖時性質類似的賊巢海島如雙嶼、海壇、南澳等相關的資料，去建構嘉靖年間海盜巢據東南沿海離島時的活動情形，包括海盜的精神特質、巢窟的功用和角色、在巢海盜的心態及其相關的應變舉措等，並據此嘗試推估海盜巢據浯嶼活動時可能的樣貌。雖然，上述這些內容僅屬海盜巢據東南沿海離島活動時的「一般性質」，無法直接證明浯嶼島上海盜活動情形一定是如此，但筆者以為，其他東南離島的賊巢和浯嶼性質相類似，據此推估海盜巢據浯嶼活動的樣貌，當不致過於牽強。

在前兩節「嘉靖年間海盜巢據浯嶼經過」的內容中，常出現「泊」、「泊於」或「泊船」浯嶼的字眼，「泊」字的意涵和海盜巢據海島的型態是有相關聯的，泊是指「船隻靠岸」之意。雖然，海盜以海上為主要的活動場所，但大海萬頃渺茫，風濤險惡不定，除了駛船遠航通販番倭或出洋堵劫海上商舶的時間外，他們通常會去尋覓合適的海島，充當平日泊船棲息之所，以迴避風颶和官軍的搜捕。清初藍鼎元在〈論海洋弭捕盜賊書〉

一文中便指出，海盜常躲匿在近海山島垵澳，官軍哨船若欲緝捕，實不必涉險遠航大洋，因為「賊船在近不在遠，沿邊島澳偏僻，可以停泊之區，試往搜捕，百不失一」。[66]原因是「蓋彼名為賊，未嘗不自愛其生，陡遇風颶，未嘗不自憂溺。各省匪類，性雖不同，然必有垵墺可避台[誤字，應「颱」]颶，乃能徐俟商舶之往來，必待天朗風和，乃敢駕駛出洋以行劫。其貪生惜死之心同，則哨緝之方，堵截之候，無不同也」。[67]

海盜除需有一處泊岸棲船的陸地，以供躲匿風濤和官軍的搜捕之外，他們日常賴以生活的食糧、飲水等補給品，無不供應自陸地。而且，他們時而上岸到陸地去劫掠財貨，甚至於他們買賣交易的貨品甚或劫掠來的贓物，最後亦大都回流到陸地上去，所以他們名雖為「海」盜，事實上卻與陸地保持十分密切的關連。明人周之夔在〈海寇策（福建武錄）〉一文，便深刻地指出海盜的本質和特徵，即：「賊蹤跡在水，其精神未嘗頃刻不在陸；精神在陸，而其窠穴又未嘗頃刻敢離水也」。[68]而且，海盜諸多的行動都必須仰賴陸上奸民的接濟導引，才得以順利遂行其目的。嘉靖時人鄭若曾在《籌海重編》卷之四〈福

---

66 藍鼎元，《鹿洲全集》（廈門市：廈門大學出版社，1995 年），卷 1，〈書・論海洋弭捕盜賊書〉，頁 37。附帶說明的是，本文發表於《興大人文學報》第 32 期時，遺漏此條史料之出處，今加以補入，特此誌之。

67 藍鼎元，《鹿洲全集》，卷 1，〈書・論海洋弭捕盜賊書〉，頁 37。

68 周之夔，《棄草集》（揚州市：江蘇廣陵古籍刻印社，1997 年），文集卷之 3，〈海寇策（福建武錄）〉，頁 51。

建事宜‧海禁〉中便直陳道：

> 倭寇擁眾而來，動以千萬計，非能自至也，由福建內地奸人接濟之也。濟以米、水，然後敢久延；濟以貨物，然後敢貿易；濟以嚮道，然後深入。海洋之有接濟，猶北陸之有奸細也。奸細除而後北虜可驅，接濟嚴而後倭夷可靖。[69]

為此，朱紈亦曾感嘆道：「中國無叛人，則外夷無寇患；本地無窩主，則客賊無來蹤」。[70]以曾盤據浯嶼為巢穴的海盜洪澤珍為例，在成為通番巨寇以前，洪澤珍僅是販倭致富的海商，史稱他在「嘉靖三十四、五年，載日本富夷泊南澳，得利，自是歲率一至，致富巨萬，尚未有引倭為寇實跡。或中國人被倭擄掠，輒以物贖之，遺還其人，人頗德之。戊午[即嘉靖三十七年]，復來浯嶼，諸惡少群往接濟，絡繹不絕，官府不能禁」。[71]而厚利誘人、有利可圖便是濱海民眾願意當陸上奸民成為海盜的附從者，而和海盜買賣交易，甚至扮演起內地接濟和銷贓

---

69 鄭若曾，《籌海重編》，卷之 4，頁 141。以陸上奸民和海盜暗中不法交易的情形為例，「漳（州）、潮（州）乃濱海之地，廣、福人以四方客貨預藏於民家，倭至，售之倭人，但有銀置買，不似西洋人載貨而來，換貨而去也。故中國欲知倭寇消息，但令人往南澳飾為商人與之交易，即廉得其來與不來，與來數之多寡，而一年之內事情無不知矣」。見郝玉麟、謝道承，《福建通志》（臺北市：臺灣商務書館，1983 年），卷 74，頁 23。

70 朱紈，《甓餘雜集》，卷 5，〈申論議處夷賊以明典刑以消禍患事〉，頁 64。

71 沈定均，《漳州府志》，卷 48，〈紀遺上〉，頁 39。

角色的原因所在。[72]

前面已提及，海盜尋覓合適的海島，充當平日泊船棲息之所，以迴避風颶和官軍的搜捕外，而這當中有一少部分的近岸離島如浯嶼，因它地理位置的優越性，海盜易於在此遂行其目的，而被挑選做為巢窟。做為海盜的巢窟，大致而言，它的功用及角色主要有四個：

第一、提供作海上飲水的補充來源和食物補給、儲存的處所。海上活動以飲水、食物最為首要，貯存時間亦不可過長，為此，二者須有不絕的供應來源。所以，島上有淡水可供取汲，是海盜挑選巢窟首要的基本條件。食物方面大都仰給內地奸民的接濟，「彼[指海盜]多掠金錢，所不足者粟米耳，奸民貪數倍之利，陰售之」，[73]故巢窟除是海上飲用水和食物補給的供應地，又「賊因糧於岸，奪舟于商」，[74]同時亦是海盜堆存糧食的處所。

第二、做為安置家眷妻小，以及私販買賣甚或劫掠得來財貨的藏匿地點，具有屋居和倉庫的雙重功能。

第三、與內地進行走私買賣交易的場所。以嘉靖年間規模數一數二的賊巢雙嶼為例，朱紈在奏疏〈雙嶼填港工完事〉中，

---

[72] 請參見林希元，《林次崖先生文集》（永康市：莊嚴文化事業有限公司，1997年），卷5，〈與翁見愚別駕書〉，頁31；周之夔，《棄草集》，文集卷之3，〈海寇策（福建武錄）〉，頁51。

[73] 周之夔，《棄草集》，文集卷之3，〈海寇策（福建武錄）〉，頁51。

[74] 周之夔，《棄草集》，文集卷之3，〈水戰火攻策（福建武錄）〉，頁41。

曾言：

> 浙江定海雙嶼港乃海洋天險，叛賊糾引外夷深結巢穴，名為市販，實則劫虜有等，嗜利無恥之徒交通接濟，有力者自出貲本，無力者轉展稱貸，有謀者誆領官銀，無謀者質當人口，有勢者揚旗出入，無勢者投託假借，雙桅三桅連檣往來，愚下之民一葉之艇，送一瓜，運一罇，率得厚利，馴致三尺童子亦知雙嶼為衣食父母，遠近同風，不復知華俗之變於夷矣。[75]

確實，在嘉靖二十七年（1548）被搗燬前，雙嶼是私販交易熱絡的場所，內地嗜利接濟者、通番的海商或佛朗機夷人來此買賣，儼如一個多國商人貿易的國際港口。據稱，該地當時約有人口三,〇〇〇，島上有條長的街道，房屋千餘間，有西式醫院、慈善堂和六、七間的教堂，[76]是被許棟的海盜集團和佛朗機夷的商人集團所控制，而這兩者在某種程度是結成一體的。[77]它如賊巢浯嶼、南澳，亦是和內地私販交易的活絡地區，「今海賊據峿[誤字，應「浯」]嶼、南澳諸島，公然擅番舶之利，

75 朱紈，《甓餘雜集》，卷 4，〈雙嶼填港工完事〉，頁 31。

76 請參見湯開業，《澳門開埠初期史研究》（北京市：中華書局，1999 年），〈平托《游記》Liampo 紀事考實〉，頁 42。

77 請參見湯開業，《澳門開埠初期史研究》，〈平托《游記》Liampo 紀事考實〉，頁 48。

而中土之民交通接濟，殺之而不能止，則利權之在也」。[78]

第四、進襲沿岸附近陸地的前哨站。賊巢因地點多在近岸的離島上，故此地亦成為海盜劫掠陸地前進的整備場所，亦是它的前哨站。例如賊巢南澳，「南澳面海背山，往者巨寇吳平、許朝光拒命死守，要結倭奴為害郡縣。……昔海寇之來也，困於鹹水，舟乏火器，自泊澳內以待內奸之接濟，給以糧米，假之硝磺而後整戈入寇」。[79]又如嘉靖三十六年（1557）冬，倭寇自浙江舟山南竄泊於浯嶼，尋趨潮州澄海，劫掠泉州同安、惠安、南安諸縣，閩省震駭；三十八年（1559）春，洪澤珍與倭寇自浯嶼渡水至浮宮，入漳州龍溪，劫掠月港等處，復還浯嶼巢穴。同安、惠安、南安和龍溪諸縣，和漳、泉海上交界的浯嶼在距離上並不十分地遙遠，彼此之間有地緣關係的存在。

以上是有關海盜的離島巢窟，它的功用及角色上所做的說明。至於，嘉靖年間具有如此功能的離島賊巢，較為人知悉的，除有浯嶼外，它如浙江的柯梅、烈港、雙嶼，福建的橫嶼、海壇，以及廣東的南澳……等。此類的離島巢窟，都有其地理上的特殊優點，不管是在位置或是地形方面，以南澳為例，「其地在漳（州）、潮（州）之交，四面阻水，周圍可六、七百里，山高而隩，地險而腴，歷代居民率致殷富。有青隩、後澤隩，番船多泊於此，而深隩最險，小舟須魚貫乃得入。明初奸民作

---

[78] 唐順之，《奉使集》，卷 2，〈題為條陳海防經略事疏〉，頁 46。

[79] 周碩勛，《潮州府志》（臺北市：成文出版社，1989 年），卷 40，〈藝文・南澳論〉，頁 34。

梗，遂墟其地。嘉靖初，以木石填塞澳口；倭至，以善水者撈其木石，澳口復通。未幾，巨寇吳平、許朝光、曾一本、林道乾先後據為巢穴，罷敝閩、廣」。[80]又如寧波外海的雙嶼，「其形勢，東西兩山對峙，南北俱有水口相通，亦有小山如門障蔽，中間空闊約二十餘里，藏風聚氣，巢穴頗寬，各水口賊人晝夜把守」。[81]但是，縱使在東南海盜猖獗的嘉靖年間，此類的賊巢它的數量依舊是不多，大約一個省份同一時間存在的不超過數個，數量如此地寡少，主要是牽涉到幾個問題，包括有該島地理上的相關條件、風向潮流往來的方便與否、以及海盜自身數目的多寡亦即「人多膽壯，鳩聚為巢」的心理層面等因素的影響。以浯嶼為例，它能成為閩南賊巢，其中重要的因素，如前節所述，便是它在地理條件上擁有七個優越的特質，有以致之。

另外，為了防備官軍的緝捕勦討，以及不同夥眾的仇家劫掠襲擊，海盜除了不隨便選擇某處地點來當巢窟外，縱使選擇了某島當巢窟時，除了會對此處周遭保持高度的警戒外，海盜在巢窟時它亦會呈現出來一個有趣的現象，便是人員維持「一半在巢，一半在船」的狀態，[82]例如嘉靖四十四年（1565）八

---

80 沈定均，《漳州府志》，卷 22，〈兵紀〉，頁 11。文中「山高而隩」的「隩」，疑誤字，應作「澳」，以下諸「隩」字亦同。

81 朱紈，《甓餘雜集》，卷 4，〈雙嶼填港工完事〉，頁 30。

82 附帶一提的是，不僅海盜在巢窟時有如此之情形，其他如倭寇在登岸打劫時，在情勢尚未完全掌握之下，其人員有時亦會維持「一半在登陸，一半在護船」的狀態，以應各種突發之狀況。例如嘉靖倭亂時，有「倭船三隻突至（福建）福寧州舊水澳，倭賊一半護船、一半登岸，係千戶劉䌹、百戶馬雲鵬信地。

月，海盜吳平結巢於閩、粵交界的南澳島，時廣東總兵俞大猷便指出：「劇寇吳平見有大、小船近二百隻，眾近萬人，結巢於海與深澳，半在寨，半在船」。[83]雖然，目前沒有直接証據證明在浯嶼的海盜亦是如此，但因其他的賊巢有此一的情形，所以，同是賊巢的浯嶼它有此種情形的可能性應該亦很大。其實，海盜棲居在巢穴時「一半在巢，一半在船」的現象，和他們在進行劫掠時所呈現的人員「一半在船，一半登岸」的型態，道理上應是相通的，根據筆者的推測，這兩者現象的發生，可能和海盜心理狀態有直接的關聯。因為，不管是私貿通番甚或劫掠財貨，海盜獲利豐厚但危險度卻高，所以對其周遭環境保持高度的猜疑和警戒，以面對突來的不測狀況，原本是一正常心理的反應。亦因此，海盜為了分攤其風險，自有一套避免人員甚至財貨全數覆沒的辦法，[84]以應付遭遇挫敗、中伏兵圈套

---

該分守建寧道調度把總朱璣，督令二哨官捕掣船埋伏，調水兵為陸兵登山納喊，前賊驚懼，開遯外洋去訖」。見譚綸，《譚襄敏奏議》（臺北市：臺灣商務印書館，1983 年），卷 2，〈水陸官兵剿滅重大倭寇分別殿最請行賞罰以勵人心疏〉，頁 24。本文發表於《興大人文學報》第 32 期時，並無此條註釋，今特別補入說明，以供讀者參考。

[83] 俞大猷，《洗海近事》（永康市：莊嚴文化事業有限公司，1996 年），〈前會剿議（嘉靖四十四年八月）〉，頁 82。文中的「深澳」，地名，在南澳島上。

[84] 海盜為了分攤風險，除人員不集中在一處外，他們的財貨家當通常也是四處藏匿的，以海盜吳平賊巢的南澳島為例，嘉靖四十四年九月福建總兵戚繼光督兵攻搗其巢時，便告誡其將士：「此賊積蓄數年，雖有銀兩衣帛之富，多是藏匿各處，未必都在巢中船中，賊兵雖敗，必是整眾伏竄別山，我兵殺到不許擅自先搶入巢取財，必須先燒巢房。……自來賊計多以首級財物愚我兵心，故意佯敗，將敝衣、虛包，砂石擺棄空巢，使我兵爭取，因而行伍散亂，賊

或突遭敵方襲擊時，部分餘黨能有逃竄保命的機會。所以，他們通常是不會隨意傾巢而出的，以避免被敵人斬斷後路時，走上滅絕無存的慘路。而海盜這樣的心理特質，反應在他們劫掠財貨時，便是呈現出「賊既登陸掠食矣，非敢盡登也，必以其半守船，以其半登陸焉」的現象，[85]例如思宗崇禎元年（1628）海盜李魁奇因反對主人鄭芝龍接受明政府的招撫，而和背叛鄭的徒眾在鄭先前盤據活動的廈門大事地劫掠一番，使得當地陷入一片混亂，身經此變的泉州同安知縣曹履泰便說道：「而魁奇等將船盡行駕出矣。意欲先至中左，強奪芝龍之資。……撫賊[指李魁奇和附李的鄭徒眾]一半在船，一半登岸。燒毀較場諸鋪戶、搶掠財物。芝龍僅有兵六百，倏整軍器防護」。[86]

此外，又當海盜的離島賊巢突然遭受不測之變時，他們亦會在鄰近地區或沿海鄰省，找尋合適的地點做為另一個巢窟，以供轉進或是避難的處所。海盜尋覓轉進地點不同的巢窟，以備不時之需的舉動，依筆者推測，當屬事先便有計劃的可能性較高，而且可供流竄的窟穴當不止一個。假若突遭變故必須要放棄目前的巢穴時，海盜會視當時的情況如風向潮汐情形、敵

---

卻伏在山中船上窺看。一中其計，遂齊擁出，彼整而有心，我亂而不防，轉身迎戰不及，竟而奔走，屢被沖散，萬勿墜此計中。」見劉聿鑫、淩麗華，《戚繼光年譜》(濟南市：山東大學出版社，1999 年)，卷之 5，〈初登龍眼沙號令略〉，頁 128。

85 周之夔，《棄草集》，文集卷之 3，〈海寇策（福建武錄）〉，頁 51。

86 曹履泰，《靖海紀略》(臺北市：臺灣銀行經濟研究室，1959 年)，〈上蔡道尊〉，頁 31。文中李魁奇劫燒的「較場鋪戶」，係在廈門中左所城一帶。

方的數目及其進犯方向……等，再加以決定轉進到哪一個巢穴。例如嘉靖二十七年（1548）位處寧波海上的賊巢雙嶼被朱紈搗燬後，海盜許棟的餘黨便逃遁浯嶼；另如，入據浯嶼老穴、積年通番的巨盜洪澤珍和倭寇，在嘉靖三十八年（1559）四月為明將黎鵬舉打敗後，洪本人逃遁出海，餘黨則避走福州南邊的海壇島，另一股餘黨在五月十二日則南竄閩、粵交界的南澳島。[87]所以，不管是浯嶼、雙嶼、海壇甚或南澳，這四者皆是海盜挑選過的離島巢窟的其中之一，亦都是海盜在突遭官軍捕緝等變故時，馬上可應急當做臨時避風港當中的一個，故用「狡兔有三窟」來說明這些海盜的特質是非常合宜的，而以「流竄的盜窟」來形容賊巢的特徵是十分貼切的。

## 五、結　　語

史載，萬曆四年（1576）明政府在賊巢南澳設立副總兵，專駐協守漳、潮二府，並設玄鍾遊兵隸屬之。此舉，徹底解決海盜長久盤據此地為巢窟的問題，潮州知府郭子章在〈南澳論〉中便盛讚：「南澳設鎮，最為得策。今不諳形勢猥云，海外斥鹵，何須重兵？而將士苦涉風濤，樂於撤戍，又從而和之，此小人之議論未睹經國遠猷也。……南澳面海背山，往者巨寇吳

87 有關此，史載如下：「嘉靖三十八年五月癸未[即十二日]，福建浯嶼倭經歲，至是，遁；復移南澳屋居」。見談遷，《國榷附北游錄》（臺北市：鼎文書局，1978年），卷62，頁3924。

平、許朝光拒命死守，要結倭奴為害郡縣，今以重兵鎮之，是我據其險而賊失其巢，其利又一也。昔海寇之來也，困於鹹水，舟乏火器，自泊澳內以待內奸之接濟，給以糧米，假之硝磺而後整戈入寇。今守南澳，賊欲泊以取淡水，則憚而不敢登岸；內奸欲出為接濟，則憚而不敢勾引，其利又一也。（南）澳跨閩、粵之交，向日分疆而守、分將而營，彼此推諉，賊人得以乘其隙，今總之以一鎮，是閩粵一家，聲勢聯絡，其利又一也」。[88]上文中提及的，「今以重兵鎮之，是我據其險而賊失其巢」，便是根絕海盜盤據為巢的主要關鍵所在。

浯嶼，位處泉州和漳州府交界的近岸小島，全島面積不到一平方公里，但因水道四通八達，為廈門、同安、海澄等地的海上門戶，故早在洪武年間便在此島設立水師兵船基地－－水寨，是明代前期福建海防的重鎮之一。但在嘉靖初年以前，明政府卻不深思祖宗設水寨於浯嶼之深意，硬將水寨遷入了廈門，此一主動放棄浯嶼的舉動，是構成嘉靖年間海盜盤據為巢的的肇始原因，亦是浯嶼日後變為賊巢問題發生的核心根源。加上，明政府海防長期的廢弛，海盜勢態逐漸地猖獗，以及浯嶼在地理上的優越特質等因素的影響下，使得該島成為海盜覬覦嘯聚的目標，欲以此做為泊船巢據的場所。故可說，明政府不當的政策因素，將水寨遷離浯嶼是海盜巢據浯嶼的先決條件，而浯嶼擁有七個優越特質的地理因素，則是誘引海盜巢據該島的另一項條件。

至於，做為海盜巢穴的浯嶼，和其他幾個近岸離島巢穴如

---

88 周碩勛，《潮州府志》，卷 40，〈藝文・南澳論〉，頁 34。郭子章，字相奎，江西泰和人，萬曆十年出任廣東潮州知府，前後共計四年。

雙嶼、南澳相近似，除了都擁有地形和位置上的特殊優點，提供給海盜充作躲匿風濤和官軍搜捕之用，另外，還有以下四個功用，亦即：一、提供作海上飲水的補充來源和食物補給、儲存的處所。二、做為安置家眷妻小，以及私販買賣甚或劫掠得來財貨的藏匿地點。三、與內地進行走私買賣交易的場所。四、進襲沿岸附近陸地的前哨站。至於，棲居在巢時的海盜，為了防止官軍的緝捕勦討，以及應付仇家或不同夥眾的劫掠襲擊，除了對巢窟周遭保持高度的警戒外，並會維持人員「一半在巢，一半在船」的狀態，以分攤其風險，避免突如其來的不測，造成人員全軍覆沒的可能。除此之外，海盜亦會在鄰近地區或沿海鄰省，找尋到合適的地點做為另一個巢穴之用，在突遇狀況時，以供轉進或是避難的處所，這種可供海盜「流竄」的離島巢窟因數目亦不止一個，如上述的海壇、南澳皆屬之，本文探討主題的浯嶼，當然亦是其中之一。

（原始文章刊載於《興大人文學報》第 32 期，國立中興大學文學院，2002 年 6 月，頁 786-813。）

◎附表一：明代海盜浯嶼地區活動大事紀年表

| 時間 | 經　　　　　過 | 資料來源 |
| --- | --- | --- |
| 洪武 3 年 | 倭乃日本種類，國有七十二島，即今東洋地。其寇泉州，自洪武三年始；泊浯嶼，是年始。 | 《廈門志》，卷 16，頁 662。 |
| 嘉靖 26 年 | 佛郎機番船載貨泊於浯嶼，漳、泉商人輒往貿易，巡海副使柯喬發兵攻之，不克。官軍還，通市販貿愈甚。 | 1、《漳州府誌(明萬曆元年刊刻本)》，卷之 12，頁 13。<br>2、《廈門志》，卷 16，頁 662。 |
| 嘉靖 27 年 | 夏四月，賊首李七引倭泊屯浙江雙嶼港，官兵破之，犁其巢；餘黨南遁閩之浯嶼，都指揮盧鏜及副使魏一恭等復大敗之，賊始退。六月，賊衝大擔外嶼者再，柯喬禦之嚴，賊乃遁去。 | 1、《同安縣志》，卷之 3，頁 2。<br>2、《廈門志》，卷 16，頁 662。 |
| 嘉靖 33 年 | 倭船來泊浯嶼，劫掠同安。 | 《同安縣志》，卷之 3，頁 2。 |
| 嘉靖 36 年 | 十月初，倭抵浙江舟山，後移柯梅，造新舟出海，胡宗憲不之追。十一月，倭南去泊於浯嶼；十二月，尋趨潮州澄海界，劫掠同安、惠安、南安諸縣，閩省大躁。明年，倭遂圍福州，蔓延至興化，奔突於漳州，而潮、廣間亦紛紛以倭警聞。 | 1、《廈門志》，卷 16，頁 662。<br>2、《明史》，卷 322，頁 3693。 |
| 嘉靖 37 年 | 海賊洪澤珍先引倭泊巢浯嶼，該年五月，洪自焚其巢寨後，率賊倭進攻同安，為知縣徐宗奭拒卻之，不 | 1、《廈門志》，卷 16，頁 663。<br>2、《天下郡國利病 |

| | | |
|---|---|---|
| | 克。十月，賊倭再攻銅山、漳浦、詔安等地，又為百戶鄧維忠所敗。冬，時洪澤珍與謝策復再誘倭二、三千人回船泊據浯嶼，盤踞為巢。 | 書》，卷 96，頁 11。 |
| 嘉靖 38 年 | 春正月，倭自浯嶼由島尾渡浮宮，奪民舟，散劫月港、珠浦、官嶼等處，復還浯嶼，五月掠大嶝。<br>新倭自浙至浯嶼焚掠。此時，浙江官軍剿倭略盡，舟山巢破，南奔閩，竄入浯嶼，焚掠居民。 | 1、《海澄縣志》，卷 18，頁 17。<br>2、《廈門志》，卷 16，頁 663。 |
| 嘉靖 39 年 | 四月，漳賊謝萬貫率十二舟自浯嶼引倭攻陷金門，大掠一番，知縣譚維鼎率義兵救援，泊澳頭。五月，參將王麟等人追擊倭寇於鼓浪嶼及刺嶼尾，大敗之。 | 《廈門志》，卷 16，頁 663。 |
| 嘉靖 41 年 | 該年，倭寇復大舉竄入，多陷衛所郡縣，廣東海賊吳平北來浯嶼，盤據舊巢以應倭。此時，因賊氛熾張，總兵俞大猷、劉顯奉命督兵討賊，俞、劉二將率軍親搗浯嶼賊巢，賊倭始遁去。 | 《粵閩巡視紀略》，卷 4，頁 44。 |
| 嘉靖 44 年 | 八月，廣東巨寇吳平等，駕船四百餘艘，出入南澳、浯嶼間，謀犯福建，把總朱璣、協總王豪引兵擊之海中。賊奄至，圍官軍數里，璣、豪俱陷沒。 | 《福建明實錄類纂（福建臺灣卷）》，〈海禁海防〉，頁 492。 |
| 天啟 2 年 | 荷蘭人東來求市通販，遂據澎湖，泊舟風櫃仔尾，出沒浯嶼、白坑等地。冬十月，福建總兵官徐一鳴率兵註中左所，剿荷人。 | 《廈門志》，卷 16，頁 664。 |
| 天啟 3 年 | 該年，荷人復入廈門中左所，秋犯 | 1、《同安縣志》，卷 |

| | | |
|---|---|---|
| | 鼓浪嶼，明官軍禦卻之。十月二十四日，福建總兵謝隆儀大破荷人於浯嶼。 | 之3，頁3。<br>2、《廈門志》，卷16，頁664。 |
| 天啟6年 | 春，海寇鄭芝龍犯廈門。芝龍分遣諸弟芝虎、芝豹扮商船散泊島美、浯嶼、東椗各澳；五月，遊擊盧毓英攻之不克被擒，芝龍不殺，縱之歸。 | 《廈門志》，卷16，頁665。 |
| 天啟7年 | 芝龍犯中左所，官軍敗走，芝龍追至浯嶼；福建總兵俞咨皋遁逃海門，芝龍入據中左所。 | 《廈門志》，卷16，頁666。 |
| 崇禎6年 | 荷蘭人犯中左所。七月，時荷人入料羅，進窺海澄；海澄知縣梁兆陽率兵夜渡浯嶼，進襲荷人，大破之，焚其舟三、獲舟九。巡撫鄒維璉督兵再戰，荷人遁去。 | 1、《海澄縣志》，卷18，頁16。<br>2、《廈門志》，卷16，頁667。 |

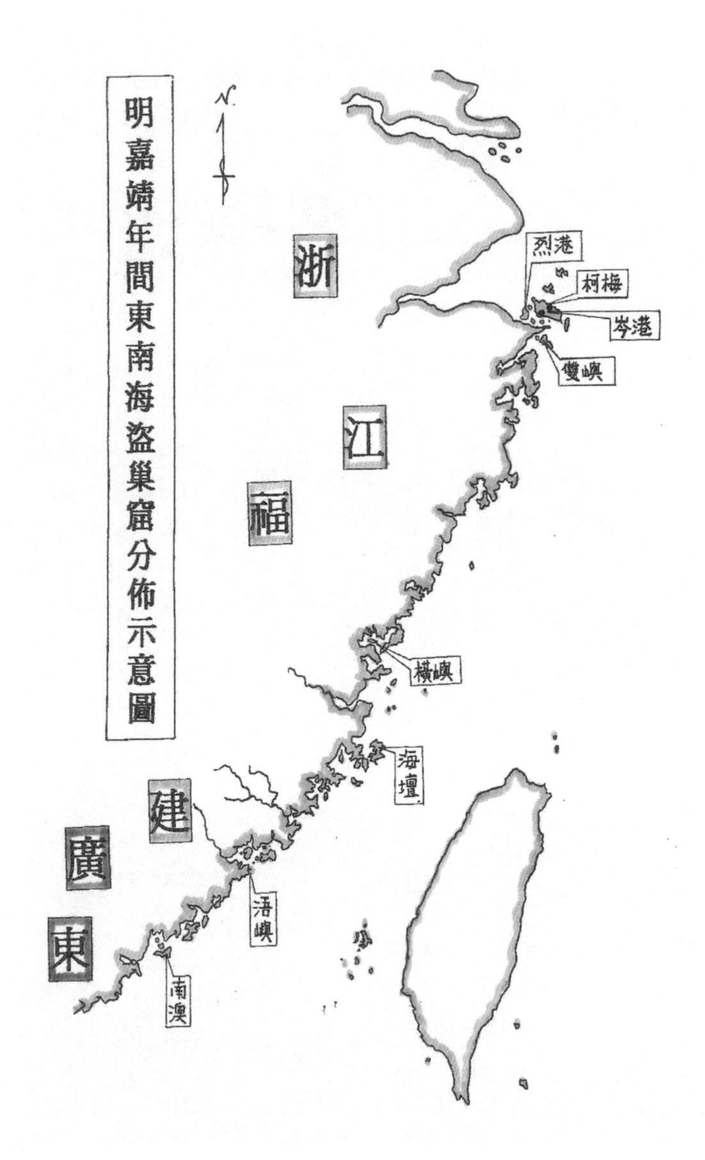


附圖一：明嘉靖年間東南海盜巢窟分布示意圖，筆者製。

附圖二：海澄縣圖，引自明萬曆元年刻本《漳州府志》。

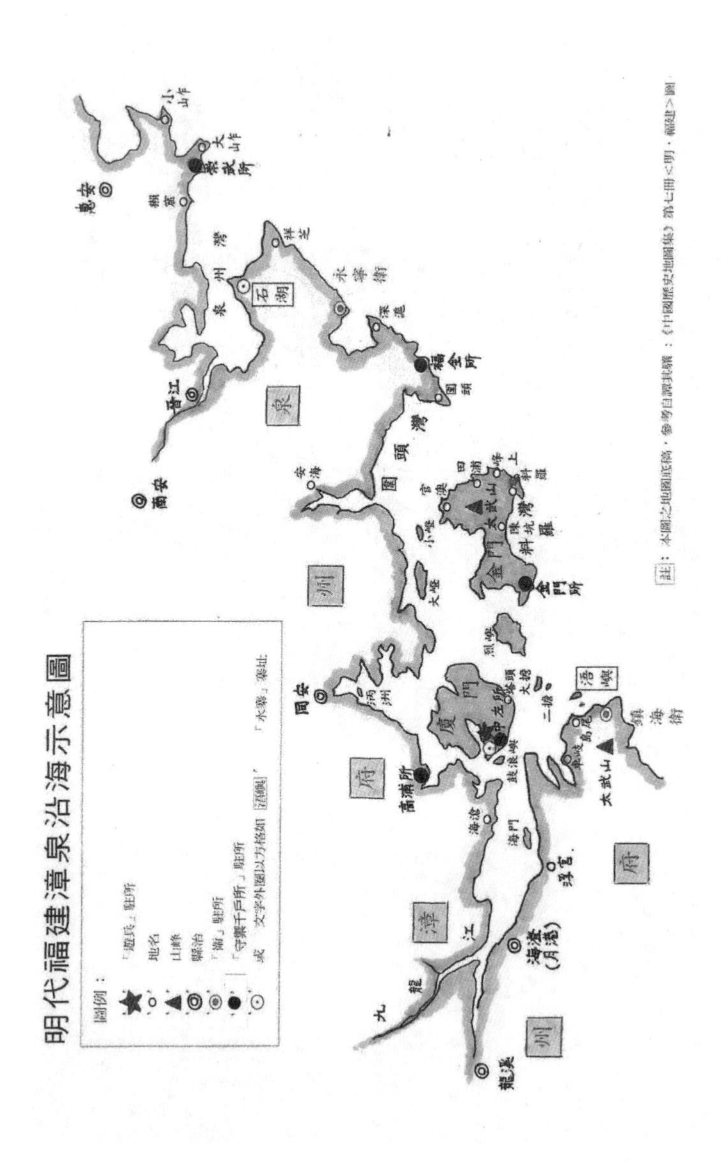


附圖三：明代福建漳泉沿海示意圖，筆者製。

# 海壇遊兵
## 一個明代閩海水師基地遷徙的觀察*

## 一、前　　言

海壇島，位處福建福州府的海中，是明代福州省城南面海上的門戶，今日的地名稱作平潭。早在穆宗隆慶四年（1570）時，明帝國便在該島部署了水師兵船，這支每年春、冬二季由母港基地出發，[1]前往海壇島上屯駐執勤的水師，一般通稱為海

---

* 本文撰述期間，曾獲朝陽科技大學通識教育中心「小型研究專題」經費之補助，特此致謝。

1 明代福建海防的部署主要是依風勢吹向來規劃的，亦即將一年的汛防勤務分為「春、冬汛期」和「非汛時月」兩個時段來進行的，吹東北風的春、冬二汛合計約有五個月，是倭人乘風南犯較為頻繁的時間，其餘的非汛時月則有七個月。春、冬汛期時，沿海的水寨、遊兵必須出汛，以備敵犯；非汛時月，則指汛期結束後兵船返航團泊寨澳，僅要地派兵船哨守而已。請參見何孟興，《浯嶼水寨：一個明代閩海水師重鎮的觀察（修訂版）》（臺北市：蘭臺出版社，2006 年），頁

壇遊兵，它並與鄰近小埕水寨的兵船，[2]共同肩負著福州府海上門戶的安危。而這支海上機動的打擊部隊，同時亦是和同年（1570）成立的浯銅遊兵，並列為明代福建海島中最早設立的兩支遊兵。[3]

海壇遊兵由隆慶（1567-1572）初年直至思宗崇禎（1628-1644）中晚期，它的母港基地曾數度地遷移地點，而且，在時間上幾乎跨越整個明代的中後期，前後長達七十年之久。海壇遊兵的母港基地，在一開始，即隆慶初年是設在福州府福清縣附近的鎮東衛城岸邊，至神宗萬曆（1573-1620）中期時，遂改為常年駐守海壇島上，之後，又再將其基地遷回原先的鎮東衛，到明末即崇禎中晚期，又再將基地北遷至福州府長樂縣松下鎮的東澳。而在上述這段的期間中，海壇遊兵亦經歷過許多的事件，諸如萬曆中期日本侵犯朝鮮時，閩海局勢緊張，福建地方當局為恐世宗嘉靖（1522-1566）倭禍慘劇的重演，而曾一度大張旗鼓在海壇島築城置營，讓海壇遊兵終年駐防島上以

119。「春、冬汛期」的時間，不同的地區似略有差異，以泉州的水軍為例，「春、冬汛期」即「凡汛春以清明前十日出三個月收，冬以霜降前十日出二個月收」。見懷蔭布，《泉州府誌》（臺南市：登文印刷局，1964年），卷24，〈軍制・水寨軍兵・水寨戰船〉，頁35。

2 小埕水寨，設置地點在福州府連江縣的小埕澳，亦即定海守禦千戶所北方不遠處的海岸邊，主要是以維護省城福州海防安全為主要目標，軍事地位在福建五水寨中首屈一指。請參見何孟興，《浯嶼水寨：一個明代閩海水師重鎮的觀察（修訂版）》，頁21和22。

3 請參見陳壽祺，《福建通志》（臺北市：華文書局，1968年），卷86，〈海防・歷代守禦〉，頁35。

應變局，甚至於，還開放邊民前往墾田，藉以達到且耕且守的目標。之後，福建當局卻因倭警漸息而憂解忘過，海壇遊兵基地遂又遷回原先的鎮東衛城——一個執勤時出入不便、重沙阻隔的港口。熹宗天啟（1621-1627）以後，又因本土海盜氣燄日熾、侵逼福州省城，海壇遊兵因地處「內港」之鎮東衛，其難以偵測外敵的缺點，此時被凸顯出來！為此，有人主張遷移海壇遊兵基地位址，來因應變局。至於，遷移的地點，有建議直接遷回海壇島上——即島上地近大海、方便接戰偵敵的觀音澳；另外，亦有主張將其移往較北邊的長樂縣——亦即鎮東衛的門戶、南賊入犯必經的松下鎮，以方便禦敵……等不同的意見。

海壇遊兵，是觀察明代福建海防變遷過程的一面鏡子，吾人可透過該遊母港基地數度遷移的過程，去認識明代中後期福建當局海防決策的取向，以及當時官方民心的變化經過，而其中又以福建當局在萬曆二十年（1592）朝鮮倭警前後，所表現出來截然不同的心態作為，以及福建地方仕紳衛鄉禦寇的積極態度，令人印象最為深刻！同時，亦因上述的這些特質，深深地吸引筆者，以此做為本文研究的主要課題。最後，期盼本文探索的論點見解，可以提供給明代海防相關議題研究者之參考，文中若有偏頗誤謬之處，尚祈請學界方家不吝指正之。

## 二、海壇遊兵的由來

因為，本文主要是藉由觀察海壇遊兵（以下簡稱「壇遊」）基地數度遷徙的經過，來探討明代中後期福建海防上的一些特質。故在論述海壇遊兵之前，不能不先談海壇這個島嶼，尤其是，它在福建海防上的重要性部份。

首先是，海壇島位在何處？海壇島（以下簡稱「壇島」），古書一作海壇山，地處福建省東面海上，明時隸屬福建省福州府福清縣管轄，清高宗乾隆（1736-1795）時刊印的《福建通志》卷三〈山川〉稱：

> 海壇山，在（福清）縣東南大海中，其山如壇，週七百里，為海中諸山之冠，山多嵐氣，又名東嵐山。[4]

上文中的「其山如壇，週七百里，為海中諸山之冠」，一語道出壇島是一面積不小、樣貌如高臺般的海中大島。不僅如此，此一醒目的大島，在明時，還和泉州外海的澎湖、閩粵二省交界的南澳，並稱為福建「海上三山」。

其次是，壇島在福建海防上有何重要性？除名列海上三山之外，壇島因地近省城福州東南面海上，亦是捍衛省城福州安危的重要門戶（參見附圖一：明代福州沿海兵備示意圖。）。

---

[4] 郝玉麟、謝道承，《福建通志》（臺北市：臺灣商務書館，1983年），卷3，頁21。附帶一提的是，筆者為使文章前後語意更為清晰，方便讀者閱讀的起見，有時會在文中的引用句內「」加入文字，並用（）加以括圈，例如上文的「在（福清）縣東南大海中」。

萬曆時，福建巡撫許孚遠嘗稱：「茲（海壇）山密邇鎮東，為閩省藩籬」。[5]壇島，地近陸岸邊的鎮東。「鎮東」即鎮東衛，亦即是壇遊一開始時的母港基地，地屬福州府福清縣，清時名「鎮東寨」，今名海口鎮，是明代福建沿岸五個軍衛其中之一，[6]該衛駐地位在福州府東南方亦即福清縣城西邊瀕海處，除轄管左、右、中、前、後五個千戶所外，並領有梅花、萬安二個守禦千戶所，是福州府陸岸上首屈一指的海防重鎮（參見附圖二：萬曆時福州省城及其沿海兵防圖。）。至於，壇島是「閩省藩籬」的部分，講得更精準些，離陸岸不遠處的壇島，是握控省城福州面對大海時右翼方向的戰略據點，清初陳倫炯在《海國聞見錄．天下沿海形勢錄》中，便曾指出：

> 閩之海，內自沙埕、南鎮、烽火、三沙、斗米、北茭、定海、五虎而至閩安，外自南關、大崳、小崳、閭山、芙蓉、北竿塘、南竿塘、東永[按：即東湧] 而至白犬，

---

5 臺灣銀行經濟研究室編，《明實錄閩海關係史料》（南投市：臺灣省文獻委員會，1997 年），萬曆二十三年四月丁卯條，頁 88。

6 明太祖洪武二十年時，江夏侯周德興在福建沿岸建立了五個軍衛指揮使司，由北而南依次為福州地區的福寧衛和鎮東衛、興化的平海衛、泉州的永寧衛和漳州的鎮海衛；另外，並置福州中衛。而上述的福建沿岸五個軍衛中，除鎮海衛日後因撥後千戶所軍兵守禦漳州龍巖僅轄有左、右、中、前四個千戶所外，其餘四衛皆各自轄有左、右、中、前、後五個千戶所。此外，沿岸的五衛另又各自轄有若干不等的守禦千戶所，例如鎮海衛領有六鰲、銅山和玄鍾三個守禦千戶所。請參見何孟興，《浯嶼水寨：一個明代閩海水師重鎮的觀察（修訂版）》，頁 57。

> 為福寧、福州外護左翼之藩籬；南自長樂之梅花、鎮東、萬安為右臂，外自磁澳而至草嶼，中隔石牌洋，外環海壇大島。閩安雖為閩省水口[指閩江口]咽喉，海壇實為閩省右翼之扼要也。[7]

壇島不僅是省城右翼的藩籬，還和東南方不遠處的萬安守禦千戶所共同扼守福清縣境的安危。[8]福清，則是省城南面的屏障，亦是福州府南下交通的要道，萬曆時，曾任禮部尚書兼東閣大學士的葉向高嘗言：「重福清，誠重閩也。福清（縣城）完，而三山[即福州省城]屏樹，閩南之道通淵乎」，[9]便是指此（附圖三：萬曆時海壇島和福清縣城圖。）。

最末是，壇島在明代福建海防上的重要性。海壇，面積

---

7 陳倫炯，《海國聞見錄》（南投市：臺灣省文獻委員會，1996 年），〈天下沿海形勢錄〉，頁 3。另外，上文中出現「[按：即東湧]」者，係筆者所加的按語，本文以下的內容中若再出現按語，則省略為「[指閩江口]」，特此說明。

8 關於此，明人謝杰亦有類似的見解，稱：「北茭（巡檢司）、定海（守禦千戶所）聯，而連（江）、長（樂）一帶固矣；海壇（遊兵）、萬安（守禦千戶所）互相襟帶，而福清（縣）高枕矣」。見謝杰，《虔臺倭纂》（北京市：書目文獻出版社，1993 年），下卷，頁 47。因，《虔臺倭纂》一書刊刻於萬曆二十三年，時海壇已設有遊兵和鎮東衛轄下的萬安守禦千戶所，它們共同捍衛福州省城東南面外圍的福清縣，文中的「福清（縣）高枕」，其意便在此。謝杰，福州長樂人，萬曆時曾任巡撫南贛汀漳韶郴副都御史。

9 葉向高，《蒼霞草全集・蒼霞草》（揚州市：江蘇廣陵古籍刻印社，1994 年），卷之 10，〈福清縣闢城記〉，頁 33。葉向高，字進卿，號臺山，福建福清人，明晚期曾歷官三朝，兩入中樞，獨相七年，首輔四載，係當時政壇風雲人物，詳見方寶川，〈葉向高及其著述〉，收入葉向高《蒼霞草全集》，〈序文〉，頁 1。

不小，又離陸岸不遠，且是省城福州東南海上的門戶，因為這些地理上的特質，讓這個海防上的要島自明帝國創建起，便在福建沿海地區中扮演重要的角色。不管是，明初時推動「墟地徙民」的措施，沿海島民被洪武帝強遷回內地，[10]或是明中葉嘉靖倭亂被倭、盜當做盤據和進犯內地時的跳板，該島皆因目標突出而在其中特別地引人注目。尤其是，嘉靖中後期的倭亂，更是觸動明政府日後設立海壇遊兵的主要源由。

吾人欲探討隆慶四年（1570）海壇遊兵設立由來之前，有必要先瞭解與此事關係密切的嘉靖倭亂。海壇島，不僅是省城福州東南海上的門戶，因該地位處閩江出海口南面海上不遠處，是南北往來必經之地，嘉靖倭亂時，常成為通番私商和流竄倭盜的巢窟，並常由此進犯內地，或經此四處流竄，造成巨大的傷害。嘉靖三十二年（1553），巡視浙江兼福建海道都御史的王忬，便曾指稱：

> 臣[即王忬]訪得番徒、海寇往來行劫，須乘風候。……在閩，則走馬溪、古雷、大擔、舊浯嶼、海門、浯州、金門、崇武、湄州、舊南日、海壇、慈澳、官塘、白犬、北茭、三沙、呂磕、崳山、官澳；……皆賊巢也。[11]

---

10 本文探討主題的壇島亦在其中，「明洪武二十年，以倭寇猝難備禦，盡徙其民於（福清）縣」。見郝玉麟、謝道承，《福建通志》，卷3，頁21。

11 王忬，〈條處海防事宜仰祈速賜施行疏〉，收入臺灣銀行經濟研究室編，《明經世文編選錄》（臺北市：臺灣銀行，1971年），頁64。

嘉靖四十二年（1563），福建倭禍大致上被明政府控制後，福建巡撫譚綸、總兵戚繼光等人因見福建海防廢弛嚴重、問題叢生，曾對改革福建水寨的體制，包括搬遷水寨回原創舊址，另行招募兵丁以充水寨員額，以及重新釐定五寨的海防汛地範圍……等事，做過一番的討論和建議。[12]其中，與壇遊的設立關係較大者，是「搬遷水寨回原創舊址」一事，譚、戚等人曾「議復寨以扼外洋」，[13]主張將烽火門、南日、浯嶼三水寨再遷回舊地，以便監控外海敵情動態，但因阻力太大，且未得明政府支持，最後是以「胎死腹中」來收場。[14]

「水寨」一詞，用現今術語來說，性質類似今日的海軍基地，它不僅是水師及其兵船航返岸泊的母港，同時，亦是兵船補給整備、修繕保養的基地，以及官兵平日訓練和生活起居的處所。明初時，在福建邊海島上共設有五座水寨，若依地理位置分佈，由北向南依序為福寧州的烽火門水寨、福州府的小埕水寨、興化府的南日水寨、泉州府的浯嶼水寨和漳州府的銅山

---

12 請詳見譚綸，《譚襄敏奏議》（臺北市：臺灣商務印書館，1983 年），卷 1，〈倭寇暫寧條陳善後事宜以圖治安疏〉，頁 13。

13 請詳見譚綸，《譚襄敏奏議》，卷 1，〈倭寇暫寧條陳善後事宜以圖治安疏〉，頁 13。

14 烽火門、南日和浯嶼三水寨遷回舊地的建議後不果行，係因改遷回舊地所需經費龐大，剛值倭亂過後明政府財力無法負荷？或是主張續留目前處所的人士勢力不容小覷，不得不與之妥協？或是尚有其他無法解決的問題？因為，相關史料目前不易覓得，筆者難以正確地去推斷其真正的原因。

水寨，明、清史書常稱其為福建「五寨」或「五水寨」。[15]此時，烽火門、南日和浯嶼三個水寨早在孝宗弘治（1488－1505）以前，皆已被福建地方當局私下地遷至內港，[16]其中，烽火門寨由烽火島上遷回陸地岸邊的松山，浯嶼寨便由海中的浯嶼遷入近岸的廈門島，至於，與本研究主題關係密切的南日寨，則由南日島內遷入對面岸上的吉了澳（參見附圖四：海壇遊兵相關地名示意圖。）。[17]水寨的內遷，造成三個嚴重的後果：一是明初設水寨兵船於海島中，明初以來「守外扼險，禦敵海上」的構思被嚴重地破壞，先前所規劃構築的海防最前線—「海上水寨」防線隨之內縮而功能大為頓減。[18]二是明初以來的「海中腹裡」、「箭在弦上」和「島民進內陸、寨軍出近海」等具有創

---

15 請參見何孟興，《浯嶼水寨：一個明代閩海水師重鎮的觀察（修訂版）》，頁 11。另外，有關福建五水寨之論述，黃中青《明代海防的水寨與遊兵：浙閩粵沿海島嶼防衛的建置與解體》（宜蘭縣：學書獎助基金，2001 年）一書亦曾做過探討，亦可參見之，見該書頁 85。

16 烽火門、南日、浯嶼三寨的內遷是福建當局主動的作為，並非是來自於朝廷中央的指示或授意的。有關此，請詳見何孟興，《浯嶼水寨：一個明代閩海水師重鎮的觀察（修訂版）》，頁 161-164。

17 吉了澳，地處陸岸濱海，「其地宋曰擊蓼，距（興化）郡城八十里，前控南網，右引小嶼，左帶湄洲。居民業海，貲貨輻湊，市廛聯絡」。見何喬遠，《閩書》（福州市：福建人民出版社，1994 年），卷之 40，〈扞圉志〉，頁 994。吉了，今名「石城」，地屬莆田縣，而「石城」之地名，即源自南日寨遷于此建城而來。見傅祖德主編，《中華人民共和國地名辭典：福建省》（北京市：商務印書館，1995 年），頁 93。

18 請參見何孟興，《浯嶼水寨：一個明代閩海水師重鎮的觀察（修訂版）》，頁 89。

意的海防佈署，[19]同樣地，亦隨著水寨的內遷而逐一地消失掉。三是烽、南、浯三島自寨軍撤走後，卻成為倭、盜泊船巢據的場所，[20]他們並以此為跳板，四處流竄劫掠，導致沿海百姓受其荼毒，此一景況，至嘉靖中後期時到達顛峰。

因為，做為捍衛省城福州南面海上主要武力的南日寨，已內遷至對岸的吉了澳；原先所構築的海防線，已由近海島中內

---

19 首先是「海中腹裡」，「腹裡」是指由水寨根據地的近海島嶼到衛、所、巡司、烽堠沿岸陸上的這片海域，因它是介於陸地和海中這兩層防線中間的近岸水域，故又稱「海中腹裡」。入侵的敵寇倘若進入此區，近海島中的水寨兵船由外向內、陸地岸上的沿海衛所由內向外，形成內外夾攻，殲敵於此。其次是「箭在弦上」，係指福建沿海衛所、五水寨和海岸線三者的關係在海防架構中呈現出某種特質的比喻或想像。因為，福建的海岸線由東北向西南延伸是狀似弧形的「彎弓」，而駐援水寨的沿海各衛、所是「弦線」，至於五水寨則是搭在海岸線這隻彎弓上的「箭矢」，並透過駐援水寨的衛、所軍力這條「弦線」的張力，將五水寨這五支箭矢射向大海中，射向海上入侵的敵人。最後是「島民進內陸、寨軍出近海」，因明初實施海禁政策，規定國人不得違禁私出海外，並實施「墟地徙民」的措致讓沿海島民由海上回到內陸岸上，而「外建水寨」則讓駐戍海上的寨軍由陸岸上的衛所來到海島，島民和寨軍一「進」一「出」，讓這些邊海嶼島的「住民」做了一次的大換手，水寨軍兵取代漁戶島民成為該區的新「住民」。關於此，請詳見何孟興，《浯嶼水寨：一個明代閩海水師重鎮的觀察（修訂版）》，頁 90、91 和 92。

20 唐順之，《奉使集》（永康市：莊嚴文化事業有限公司，1997 年），卷 2，〈題為條陳海防經略事疏〉，頁 45。福建水寨的內遷，為倭盜進犯內地開啟方便之門，嘉靖倭亂的猖獗與此有直接的關聯。以浯嶼水寨所在地的浯嶼島為例，因明政府不深思祖宗設水寨於此之深意，將該寨遷入廈門，此一主動放棄浯嶼島的舉動，不僅是日後倭盜巢據浯嶼島的肇始原因，亦成為嘉靖年間倭盜巢據後再四出劫掠的問題根源。關於此，請詳見何孟興，〈明嘉靖年間閩海賊巢浯嶼島〉，《興大人文學報》，第 32 期（2002 年 6 月），頁 792-802。

縮至海岸線上，此舉對偵測海上動態、阻擊來犯敵人和陸岸禦敵的縱深等海防佈署上皆有不良的影響，此一問題，在嘉靖倭亂中已清楚地凸顯出來！於是，明政府在無法將南日寨遷回南日島的情況之下，遂考慮在該島東北方不遠處的海壇島，部署一支海上機動的打擊部隊，藉以彌補南日寨內遷後，所造成海防上嚴重之漏洞；加上，嘉靖末時遭明軍清勦後殘倭，在閩海的活動並未完全中斷，[21]壇島一帶依舊有部分零星的倭盜在此活動，間接地威脅到省城福州百姓的安全，例如隆慶元年（1567）春天，便有倭船於海壇、南日等島乘間登突，遭明軍把總朱璣所追勦，此回斬殺倭人首級共有七十九顆。[22]這些事件，更加刺激明政府必須改善省城周邊的防務，以避免嘉靖倭禍的夢魘再度地降臨，而做為「閩省藩籬」並與南日寨互為犄角的壇島，防衛條件的改善，便變得更為重要且急迫，壇遊便在如此氛圍下誕生，時間是在隆慶四年（1570）。

## 三、海壇遊兵基地遷徙經過的觀察

在論述海壇遊兵母港基地的遷移過程之前，有必要說明「遊兵」一詞。「遊兵」的由來，明時，「遊兵」一作「游兵」，係敵

---

21 例如隆慶元年時，有倭三船自東南外洋駕入閩海，都指揮王如龍追勦之，斬殺首級三十八人。見黃俣卿，《倭患考原》（北京市：書目文獻出版社，1993年），頁366。

22 請參見黃俣卿，《倭患考原》，頁366。

我對陣時軍事佈署的型態方式，即用兵時部隊分為正、奇，兩者互為運用，「正者當敵，奇兵從傍擊不備也」，[23]在海防上，遊兵即扮演其中「奇」兵的角色，往來海中，執行巡探攻捕、伏援策應的任務。所以，「遊兵」是一種兵法運作的思惟或是執行任務的角色，而非水師部隊的軍種或番號名稱。[24]明代，在東南沿海要島上或重要海域中設置機動的打擊部隊－－「遊兵」，此一戰略構想的落實，時間最晚不超過嘉靖中期。因為，東南邊海防務構築較早的浙江，於嘉靖三十一（1552）至三十九（1560）間，便設置寧紹、杭嘉湖、溫處和台金嚴等四個參將，其下並轄有六位把總，而沿海島嶼所設的水寨及附近往來哨巡的遊兵，便歸此四參、六總所管轄。[25]此外，鄰省的福建亦在嘉靖三十七年（1558）議設中路遊兵參將，「部領哨船，選募精銳五百人，往來閩安、鎮東（衛）、福清、並[疑誤字，應「平」]海（衛）之間，與主、客兵互相應援」。[26] 不僅如此，

---

23 見曹操等註，《十一家注孫子》（臺北市：里仁書局，1982 年），卷中，〈勢篇〉，頁 68。

24 誠如文中所言，「遊兵」是一種兵法運作的「思惟」或是執行任務的「角色」，所以，「遊兵」的指揮官可能因任務性質或責任輕重的差異，而任用的將領職階亦有所不同，有時是把總，或守備，或為遊擊將軍，甚至是參將。例如嘉靖三十七年時，福建地方當局便曾以中路參將擔任遊兵指揮官一職。

25 請參見黃中青，《明代海防的水寨與遊兵：浙閩粵沿海島嶼防衛的建置與解體》，頁 34 和 42。

26 嘉靖三十七年，福建兵防議改水、陸兩路為北、中、南三路，各由參將統轄之，中路參將一職由曾清擔任之。見不著撰者，《嘉靖倭亂備抄》（上海市：古籍出版社，2002 年），頁 60 和 70。

早在嘉靖三十二（1552）、三（1554）年時，為因應倭亂猖獗，浙閩都御史王忬還曾在福建沿海重要地點，如福州省城門戶的閩安鎮、惠安的獺窟、晉江的圍頭、金門的料羅……等地佈署遊兵戰船，此為筆者目前覓得閩海最早設置遊兵的相關記錄！[27]

## 1、基地初設鎮東衛時的海壇遊兵

首先，海壇遊兵設立的初期，它的情形究竟是如何？一開始，壇遊的母港基地設在鎮東衛，前已提及，春、冬汛期時壇遊的兵船，須出港（亦即「出汛」）南航至海壇島泊駐，聽候明政府指令調度，執行哨探攻捕的任務，是一機動的海上打擊部隊（參見附圖五：明代閩海中的海壇遊兵。）。因為，壇遊設立目的在鞏固省城福州的南面藩籬，並填補內遷後南日寨所遺留的海防空隙，扮演昔時水寨設在近海島中據險伺敵的角色。最特別地是，壇遊不似水寨有各自的海防轄區（亦即「信地」），它不僅無固定的信地，且能毋分疆界追敵，可越境出擊敵寇，

27 有關此，史載如下：「今，都御史王忬又於流江、官井洋、松下、閩安鎮、連盤，湄洲、泥[疑誤字，應「深」]滬、獺窟、圍頭、料羅、元[避諱字，應「玄」]鍾各設游兵船云」。見卜大同，《備倭記》（濟南市：齊魯書社，1995年），卷上，〈置制〉，頁2。上文，自「不僅如此，……」所載的內容係新補入者，目的在補充說明本文研究主題所在的福建，沿海遊兵最早出現的時間，筆者目前從史料所得悉的（即嘉靖三十二、三年王忬佈署遊兵戰船。），比在《興大歷史學報》第19期發表本文時所知道的時間（亦即嘉靖三十七年議設中路遊兵參將。），還要來得早一些，故將其補入正文中，提供讀者參考。

並扮演伏援策應角色，協同各寨水軍作戰，是一支可供明政府靈活調度、具任務型特質的機動部隊。但是，不到數年的時間卻發生改變，壇遊出汛時開始有固定的哨守信地，地點是在壇島上的觀音澳、葫蘆澳等處，不似先前在春、冬汛期時出泊壇島僅供明政府聽用調度而已。它改變的時間，大約是在萬曆四年（1576）增設玄鍾遊兵後不久，亦即福建「五（水）寨三遊（兵）」海防建構完成之時。[28]關於此，崇禎時，曾任閩撫的鄒維璉便指出：

> 祖宗五寨三遊之舊制，畫地分汛，以相應援。……一曰興化南日寨，領以把總，南則哨至沙澳，北則哨至蘇澳與海壇哨會，乃海壇則又增設把總，領游兵哨觀音、葫蘆等澳，以為小埕（水寨）之南藩。[29]

文中「祖宗五寨三遊之舊制」的「五寨三遊」，係指萬曆四年（1576）以後福建地方當局構建完成的海防佈署，包括有前文論及的烽火門等五水寨，隆慶四年（1570）設立的海壇、浯銅二遊兵，以及該年（1576）新設的玄鍾遊兵（一稱南澳遊兵）。

---

[28] 本文發表於《興大歷史學報》第 19 期時，上文的「它改變的時間，……海防建構完成之時」，係書寫為「它改變的時間最晚不超過萬曆四年（1576）」，筆者認為，該處文句原先用字不夠精準周延，遂利用本論文集出版之時做此調整，特此補充說明。至於，上文玄鍾遊兵的「玄鍾」二字，一作玄鐘；清代以後，因避諱康熙帝名「玄燁」，又將玄鍾的「玄」，改為「元」字。

[29] 引自鄭大郁，《經國雄略》（北京市：商務印書館，2003 年），海防攷卷之 1，〈海防〉，頁 7。

[30]史稱「五寨三遊各據要害，頗稱良法」，[31]然而，壇遊先前所具備靈活調度、無固定信地和毋分疆界追敵的機動性質，卻遭受到破壞。而上述引文「領游兵哨觀音、葫蘆等澳」中的「哨」字，它的涵義便是哨船備禦，意指壇遊此時已有固定的哨守地點，包括有觀音澳、葫蘆澳等處。觀音澳，地處壇島東南角，三面環海，可泊風船，戰略地位重要；葫蘆澳，則位在壇島東北不遠處的東庠島西側，東臨海壇本島（參見附圖四：海壇遊兵相關地名示意圖。）。

雖然，此時海壇遊兵無固定信地、機動聽調的性質已經改變，但是，它收汛時的母港基地卻仍舊設在鎮東衛，此一現象，直至萬曆二十年（1592）時都未曾改變（參見附圖六：萬曆二十年前後海壇島附近汛防圖。）。這可由該年五月二十七日的一份福建防務奏報得到證明，該奏報〈為摘陳一得以裨邊防事〉

---

30 玄鍾遊兵，一稱「南澳遊兵」。南澳，是漳、潮二府交界的海上島嶼。玄鍾，則位在詔安東南閩海盡處，北接銅山、南界潮州，地位重要。南、玄二地，因位在閩粵漳、潮二府邊界處，南澳尤為盜賊之淵藪，萬曆四年時，經福建巡撫劉堯誨會同兩廣總督凌雲翼題准，設立南澳副總兵和玄鍾遊兵，以鎮壓地方，玄鍾遊聽南澳副總兵調度，故之。請參見陳仁錫《皇明世法錄》((臺北市：臺灣學生書局，1965 年)，卷 75，〈海防・閩海〉，頁 5；沈定均的《漳州府誌》(臺南市：登文印刷局，1965 年)，卷 22，〈兵紀二・諸遊〉，頁 11。

31 此為清人杜臻語，見氏著，《粵閩巡視紀略》(臺北市：臺灣商務印書館，1983 年)，卷 4，頁 1。清聖祖康熙二十二年施琅取臺後，時任工部尚書的杜臻，曾和內閣學士石柱奉命南下粵、閩二省，撫視地方，畫定疆界。杜氏將沿途見聞載述成《粵閩巡視紀略》一書，該書係研究明清東南沿海邊防、地理的重要史料。

的內容中，便曾語及：

> 照得福建沿海一帶自國初設有烽火門、南日山、浯嶼三寨官軍備倭，至景泰後添設小埕、銅山二水寨，共五處各以一把總領之，畫地而守疆界已明。及至倭亂之後，復設南澳副總兵一員、遊兵把總一員，共領遊兵船一枝，除南澳原無正兵，該遊聽其自守外，其海壇、浯銅二遊兵船皆委官統領，以備策應。既稱策應，又稱遊兵，不當復派信地，責其毋分疆界追敵，不然海上有警，各水寨官兵必以信地為辭，不敢越境，而遊兵亦藉口有信地之責，其雖[疑誤字，應「惟」]窮追遠搗乎？合請將海壇遊兵近派東庠、觀音澳二信地仍歸南日寨，浯銅遊兵近派料羅、舊浯嶼二信地仍歸浯嶼寨。凡遇汛期，海壇遊兵船隻止泊海壇(島)聽調，收汛照舊駕入鎮東(衛)；浯銅遊兵船隻，止泊料羅聽調，收汛照舊入中左所。大抵，寨兵專顧信地不許縱賊登岸，遊兵專事策應不許逡巡逗遛，庶責成既專而推諉可杜矣。[32]

上文中，清楚地建議春、冬汛期結束後，壇遊兵船必須收

---

32 引自不著編人，《倭志》(南京市：國立中央圖書館影印，1947年)，收入玄覽堂叢書續集第16冊，〈為摘陳一得以裨邊防事〉，「一專責成以杜推諉」條，頁126。文中的「中左所」，即是廈門，明洪武二十七年增設中左守禦千戶所於此，故之。至於，料羅，位處金門的東南海角，係船隻往來必經之所，為泉州海上門戶，亦為海防要地。

汛返回母港鎮東衛，即是明證，而文中「收汛照舊駕入鎮東」的「照舊」一語，說明壇遊母港在鎮東衛，似乎已有一段時間。此外，上述的防務奏報中，不僅希望東庠島、觀音澳二信地能還歸原先負責的南日水寨外，更期待壇遊能回歸原先的本質面貌－－亦即無信地、毋疆界和伏援策應，供明政府靈活調度的機動型部隊。至於，上述奏報中的建議是否有被明政府採行，因相關史料目前尚未覓得，故無法做出正確地推論！但是，若從不久之後明政府所採行的，壇遊改為常駐壇島備倭不再收汛返回鎮東衛，[33]以及「五（水）寨七遊（兵），寨、遊相間，信地南北會哨」的海防佈署看來，[34]壇遊恢復它原先無信地、機動聽調的可能性極低。

---

33 請參見下一小節「2、基地改遷海壇島時的海壇遊兵」的內容，本文發表於《興大歷史學報》第 19 期時，無此條註釋，今補入相關資料以供參考。

34 上文的「五寨七遊，寨、遊相間，信地南北會哨」，係指萬曆二十年倭人進犯朝鮮，爆發中日朝鮮之役後，明政府恐倭人採聲東擊西之計，襲擊東南沿海，遂於福建沿岸增設遊兵以備倭犯。直至萬曆二十五年時，除大海中的澎湖遊兵外，福建沿岸共有五個水寨和七支遊兵，由北而南依序如下：崳山遊、臺山遊、烽火門水寨、礵山遊兵、小埕水寨、海壇遊兵、南日水寨、湄洲遊兵、浯嶼水寨、浯銅遊兵、銅山水寨和玄鍾遊兵。上述的五寨七遊，彼此相間交錯，希望藉此達到「諸遊於一（水）寨之中以一遊（兵）間之，（水）寨為正兵，遊（兵）為奇兵，錯綜迭出，巡徼既周，聲勢亦猛；且（水）寨與（水）寨會哨，東西相距，南北相抵，而支洋皆在所搜；且遊（兵）與遊（兵）會哨，東西相距，南北相抵，而旁澳皆在所及」（見顧亭林，《天下郡國利病書》（臺北市：商務印書館，1976 年），原編第 26 冊，〈福建‧興化府志‧水兵〉，頁 56。）的理想目標，以為因應倭警的新變局。本文發表於《興大歷史學報》第 19 期時，並無此條註釋，今補入相關說明，以供讀者參考。

## 2、基地改遷海壇島時的海壇遊兵

其次，就在同一時間亦即萬曆二十年（1592），正值倭人進犯朝鮮，局勢日趨嚴峻，不僅沿海百姓深恐嘉靖倭亂悲劇再現，[35]福建地方當局亦逐步地增強沿海防務，萬曆二十一年（1593）福清縣城的拓建備倭，即是一好例（參見附圖四：海壇遊兵相關地名示意圖。）。因為，嘉靖三十七年（1558）倭寇曾攻陷福清城，荼毒甚慘，時隔三十餘年，遭倭毀損之城牆卻一直未修復，因值此時倭警再起，福清父老驚恐奔走請求當局協助修護，為此，新任知縣丁永祚遂董其事，「永祚以（福清縣）城東、西、北並傅山阜，賊登阜仰攻如對壘然，乃移舊城四百餘丈，增新城兩百丈，益以月城」，[36]「經始于癸巳[即萬曆二十一年]初春，入夏而告成事，金湯砥如」。[37]由福清拓城前後僅費數個月便已完成一事，即可知此時的閩海局勢確實已緊張，似有「山雨欲來風滿樓」的氣氛。

此外，為因應可能之變局，萬曆二十三年（1595）四月時，閩撫許孚遠奏請在海壇島築城，並命海壇遊兵長期駐防該島，以備倭人可能襲犯。許孚遠認為，「海壇（島）屹然，足為雄鎮，

---

35 嘉靖慘痛倭禍，不僅使東南沿海民眾生命、財產蒙受巨大的損失，同時在心靈上亦造成嚴重的創傷，「閭巷小民，至指倭相詈，甚以噤其小兒女云」，不但有不少人畏懼倭人，甚至還深恐嘉靖時悲劇再度地發生。請詳見張其昀編校，《明史》(臺北市：國防研究院，1963 年)，卷 322，〈外國三‧日本〉，頁 3693 和 3694。

36 陳壽祺，《福建通志》，卷 131，〈明官績‧福清縣知縣〉，頁 16。

37 葉向高，《蒼霞草全集‧蒼霞草》，卷之 10，〈福清縣闢城記〉，頁 33。

則福州門戶扃固，寇無越海壇（島）而直抵福（州省）城之理」。[38]遂上疏朝廷，對沿海先前遭「墟地徙民」之海壇、南日、澎湖……等島，改而採取且耕且守的主張。一面開放邊民前往開墾，官府丈量土田徵收稅銀，避免勢豪私墾公利於民；一面設將屯兵以捍禦地方，議請在壇島上築建城郭、兵營、衙署和穀倉，讓壇遊可常年駐防於此，汛期結束時，不必返回母港基地鎮東衛。許氏的奏疏，部分內容如下：

> 臣[即閩撫許孚遠]查得海壇與福清相對四十里而近，為福州之門戶。南日，界於莆田、福清之間，為興化之上游，素稱險害。而此二山者，開墾已多成熟，可因為疆理保障之圖。……惟海壇查勘年餘，已有成議。據該縣[即福清縣]丈量田地八萬三千八百有奇，數尚未盡；豈得荒棄而不耕！……至於造城、建營、建倉、建署，該縣逐一查議，頗為詳確。各項公費，不過六千有餘；即以本山[即海壇島]田地稅銀三千充之，可以不勞而辦。及今議定之日，該司[即福建布政使司]先動稅銀發與福清，責成（福清）知縣丁永祚趁時興工，則朞月之間，便可就緒。城郭既完、營房又建，海壇游兵一枝，就可常川

---

38 許孚遠，《敬和堂集》（臺北市：國家圖書館善本書室微卷片，明萬曆二十二年序刊本），〈疏卷・議處海壇疏〉，頁 58。附帶說明的是，本文發表於《興大歷史學報》第 19 期時，此條史料係引用臺灣銀行經濟研究室編《明經世文編選錄》書中節錄的許孚遠〈議處海壇疏〉（見該書，頁 190。），今改採用許孚遠所撰《敬和堂集》中的原始奏疏〈議處海壇疏〉，做為本文之史料出處。

> 屯聚其中。有田可耕，有兵可守，雖有寇至，可以無虞。海壇屹然，足為雄鎮，則福州門戶扃固，寇無越海壇而直抵福城之理！外禦盜賊，內護省會[即福州省城]，下保兵民，此一方千百年長久之利也。[39]

上述的奏請，得到中央朝廷的允准，「聽其便宜施行」。[40]而此奏的內容，有兩個特具意義的措舉：一是福建地方當局公然違背明初以來的海禁政策，光明正大地向朝廷要求，讓邊民重回被「墟地徙民」百餘年的海壇島。雖然，此時的壇島，在嘉靖倭亂時，便遭倭、盜據為窟宅，亂平後，流民又違禁潛入，人口漸趨集聚，蔚然已成井里。[41]關於此，許孚遠的《敬和堂集》所收〈議處海壇疏〉原疏中，亦載道：

> 本山[即海壇島]對峙福清，延袤至七百里而遙，儼然一門戶藩籬也。嘉靖三十七年以前，島夷窺伺，常為倭奴入寇必據之地。嘉靖三十八年以後，海波寧謐，漸為吾

39 許孚遠，《敬和堂集》，〈疏卷・議處海壇疏〉，頁 57-58。本文發表於《興大歷史學報》第 19 期時，此條史料亦引用《明經世文編選錄》書中所節錄的許孚遠〈議處海壇疏〉（見該書，頁 189-190。），今亦改採用許孚遠《敬和堂集》原始奏文〈議處海壇疏〉，做為上文史料之出處，特此說明。

40 臺灣銀行經濟研究室編，《明實錄閩海關係史料》，萬曆二十三年四月丁卯條，頁 89。

41 此係根據清初杜臻的說法，見氏著，《粵閩巡視紀略》，卷 5，頁 36。

> 民生息、開墾之鄉，至於今，生息者日至繁衍，開墾者頗見沃饒。[42]

二是福建當局本著「海壇為倭奴入寇門戶，故為經理屯兵以據之」的理念，[43]不僅要在壇島築建城郭營房，還要改變壇遊「春秋出汛壇島，收汛返航母港」的慣例，令其官兵常年駐守島上，且與南日水寨互為犄角彼此應援，以備倭盜的進犯。福建當局希望透過上述的措舉，讓「福州門戶」的壇島，「有田可耕、有兵可守，雖有寇至，可以無虞」，並可「外禦盜賊，內護省會，下保兵民，此一方千百年長久之利也」。

至於，改常駐壇島後的壇遊，它的情況究竟又是如何？由前引文可知，壇島築建城、營、署、倉一事，係由福清知縣丁永祚督工負責，[44]而城郭的構建地點是選在地名為「一道」處，該處「正當海壇（島）之中，其地負陰抱陽，據山臨海，厥土堅壤，厥泉長流」，[45]其地三里處外並可停泊兵船，而且新築的城郭周圍長為五百二十丈，城共開四個門，城中不僅可容民居，並築有把總公署一座和營房百間，供壇遊屯兵千餘人戍守

---

42 許孚遠，《敬和堂集》，〈疏卷・議處海壇疏〉，頁 50。

43 此語見許孚遠〈議處海壇疏〉一文，係後人對該奏疏之評語，引自臺灣銀行經濟研究室編，《明經世文編選錄》，頁 189。

44 福清知縣丁永祚在前述修護縣城牆垣和清查壇島土田上的表現，甚獲閩撫許孚遠的肯定，稱許丁「精神勁爽，才識明通，拓城垣不避怨勞，查海田具見區畫」。請參見許孚遠，《敬和堂集》，〈疏卷・薦有司官疏〉，頁 67。

45 許孚遠，《敬和堂集》，〈疏卷・議處海壇疏〉，頁 55。

之用。此外，又建造倉廒二十間，可貯存穀粟萬石以供兵食，並且，建造福清縣丞公署一座，供縣丞前往徵稅辦公之用。[46]至於，「一道」地在何處？因為，相關史料目前尚未覓得，依筆者之推測，約在壇島中央狹窄處，地偏近東南角的觀音澳一帶，[47]而一道的城外三里可泊兵船處當指此地，有關此，請參見「海壇遊兵相關地名示意圖」（附圖四）。

### 3、基地回遷鎮東衛時的海壇遊兵

因為，上述一連串備倭的措舉，係因應豐臣秀吉侵犯朝鮮，可能襲犯閩海而起的，是屬明政府一時的被動作為。隨著，秀吉在萬曆二十六年（1598）病故身亡，日軍陸續由朝鮮撤回後，前述的開放邊民往墾海壇島、海壇遊兵常駐島上備倭一事，同樣亦跟著而廢弛下來，可謂是另一種形式的「人亡政息」，實在深具諷刺性。至於，常駐壇島時的壇遊，是如何地走向廢弛之路？首先要談的是，顧祖禹的《讀史方輿紀要》卷九十六〈福建二．海壇山〉中，所提到的：

46 以上的內容，請參見許孚遠，《敬和堂集》，〈疏卷．議處海壇疏〉，頁55。

47 新築的「一道」城，其城外三里可泊兵船處，疑指觀音澳一帶。關於此，明人董應舉〈漫言〉曾載稱：「海壇遊，原駐海壇（島）觀音門，有（兵）船二十餘隻，沈有容嘗擊倭於東椗矣」。文中的「觀音門」，即在觀音澳附近；至於，沈有容，則時任壇遊指揮官「把總」一職。上文引自董應舉，《崇相集選錄》（南投縣：臺灣省文獻委員會，1994年），頁54。

> 海壇山……隆慶初，始添設海壇遊兵。萬曆中，海壇島復命增設水砦[即水寨]，與興化府南日砦[即南日水寨]相形援，後復廢弛。[48]

上文中的「萬曆中，海壇島復命增設水砦」，便是指萬曆二十三年（1595）奏准「壇島築建城營，壇遊常駐備倭」，與南日水寨互為犄角、以捍衛省城福州一事；至於，文後的「後復廢弛」一語，主要是指壇遊由常駐的壇島遷回鎮東衛一事，它的影響十分地深遠，時間當在豐臣秀吉身故，閩海警息之後。關於此，明末夏允彝撰修的《長樂縣志》卷之二〈經略志・海防〉，曾有以下的描述：

> 海壇（島）包其東南，亦有觀音澳、蘇澳可暫憩，嘉靖戊午[即三十七年]倭陷福清縣城，故設（海壇）遊（兵把）總于此，後以港門星散，兵多失機，遂移居鎮東（衛），而（海壇）遊為虛設矣。[49]

文中提及，壇遊的設立是在嘉靖的「戊午」即三十七年（1558），倭陷福清縣城是設立的主因。雖然，常年屯駐壇島的壇遊，有觀音澳、蘇澳……等處可供兵船停泊出入，然而，福建地方當

---

48 顧祖禹，《讀史方輿紀要》（臺北市：新興書局，1956年），卷96，〈福建二・海壇山〉，頁3991。文中的「砦」，係指用土石堆成的營壘，如堡砦，「砦」字有時亦和「寨」字互用。

49 夏允彝撰，《長樂縣誌》（臺北市：國家圖書館善本書室微卷片，明崇禎辛巳刊本），卷之2，〈經略志・海防〉，頁24。

局卻以壇島的地形複雜，港門星散，易致延誤軍機做為理由，將其移入較內陸岸邊的鎮東衛，亦即原先的母港基地處。在如此的情況下，它與先前內遷的烽火門、南日和浯嶼三水寨並無兩樣，產生「寇賊猖獗於外洋，而內不及知，及知而哨捕之，賊乃盈載而遠去」的後遺症，[50]壇遊的功能便大打折扣，失去先前設置該遊的目的，亦難怪上文會有「移居鎮東（衛），而（海壇）遊為虛設」的感嘆！不僅如此，時人董應舉在〈福海圖說〉中，亦有相關的見解，指稱道：

> 海壇（島），亙絕海中，福清外障也，有蘇澳、觀音澳可泊船。嘉靖年，倭陷福清（縣城），故議設（海壇）遊（兵把）總於此。後以絕地，不敢居也；往往退居鎮東（衛），（海壇）遊（兵）為虛設矣。[51]

其實，吾人若仔細去推敲，前者以壇島「港門星散，兵多失機」來解釋壇遊避居鎮東衛全部的原因，筆者個人以為，它似乎較為牽強些，因為，壇遊要改常戍壇島之前，相信明政府應當都已經過一番評估，可行度夠才會付諸實施。董應舉所指「後以絕地，不敢居」的理由，似乎比較接近壇遊內遷的真實情況，亦即壇島地處海上，戍兵生活條件不良，才是主要問題癥結之所在，它和當年內遷的烽、南、浯三水寨的問題本質上，

---

50 洪受，《滄海紀遺》（金城鎮：金門縣文獻委員會，1970 年），〈建置之紀第二〉，頁 7。

51 董應舉，《崇相集選錄》，〈福海圖說〉，頁 61。

亦相類似的。另外，吾人若從日後相關的史料看來，直至天啟末年荷蘭人入據臺灣，明政府似並未正式地解除壇島「墟地」的禁令，[52]壇島自洪武（1368-1398）以來長期被墟地，此時，雖因倭犯閩警而被迫開發，但開闢的時間有限，該島的生活條件絕對比不上內地，它的情形有點類似當年的烽火門、南日、浯嶼三島般，明初時設在烽火門等三島的水寨，亦因地處海中，水寨戍兵即有來往交通不便、生活條件不佳等問題的存在。[53]所以，隨著政局昇平無事、海上警息漸久，沿海兵備跟著亦鬆懈下來，在如此的環境背景下，福建當局便順應沿海衛、所戍寨官兵「憚於渡海」的請求，同意其搬移入內港。[54]加上，鎮東衛雖是福州府陸岸上首屈一指的海防重鎮，但畢竟是陸岸上的，壇遊的母港基地設立於此，該處因地近福清縣城，生活機能遠優越於海中的壇島，壇遊官兵自然樂見兵船收汛後之母港遷來於此。但是，最大問題是出在鎮東衛城的位置地點，因該地僻處內岸港邊，執勤的兵船進出海上卻不甚方便，此可由福

---

52 關於此，請詳見周之夔，《棄草集》（揚州市：江蘇廣陵古籍刻印社，1997 年），文集卷之 3，〈海寇策（福建武錄）〉，頁 603。

53 例如嘉靖時，福建都指揮僉事戴沖霄便同意此一說法，主張將烽、南、浯三寨遷入內港岸澳，戴稱：「福建五澳水寨……，俱在海外。今遷三寨于海邊，曰峿[誤字，應「浯」]嶼、烽火門、南日是已，其舊寨一一可考，孤懸海中，既鮮村落又無生理，一時倭寇攻劫，內地不知，哨援不及，兵船之設無益也。故後人建議，移入內地，移之誠是也」。見章潢，《圖書編》（臺北市：臺灣商務印書館，1974 年），卷 57，頁 19。

54 有關此，請參見何孟興，《浯嶼水寨：一個明代閩海水師重鎮的觀察（修訂版）》，頁 163。

建巡海道徐日久親身所目睹的景況，[55]得到些許的佐證。崇禎元年（1628）十月，徐視察沿海兵防業務時，曾至鎮東衛岸邊處，並對壇遊兵船基地的周遭環境，做了第一手見聞的描述，內容如下：

> （十月）二十四日，出（長樂縣城）東門。……晚至松下（鎮）海濱，……松下（鎮）之前為東壁山，自福清前□沙生過，灣上三十餘里，中雖有間斷處，非大潮不可行船，潮落即平沙見出，而外又有吉釣山，再外有海壇山，則鎮東一衛包裹重疊，不須總鎮駐劄，鄭重如此，吃緊全在松下（鎮）。廿五日至鎮東（衛城），點見在三營兵，遂往觀海船，止三隻。夫以海壇遊（兵）為名，越兩重沙，駐深穩內地，何其謬也。[56]

徐在上文中，對於泊港的壇遊兵船僅有三隻印象深刻，尤其是，對壇遊母港所在地「越兩重沙，駐深穩內地」的環境，感到十分地荒謬而不可思議。或許正是因為如此，才會有先前的萬曆倭警時，福建當局將壇遊遷出鎮東衛改常駐壇島的因應措致。畢竟，海中的壇島確實較能掌握海上動態，並方便接敵應

---

55 崇禎元年八月，徐日久以福建按察使司副使擔任「巡海道」一職。巡海道，隸屬於福建提刑按察使司，多由按察司副使、僉事充任之，一般又稱為「海道」、「巡海道」、「巡海使者」或「海道副使」。

56 徐日久，《徐子卿先生論文別集》（臺北市：國家圖書館善本書室，明崇禎十六年序刊本），〈遊記〉，頁36。文中的□，係原書空缺一字。

戰，同時，亦比較容易達到閩撫許孚遠所稱的，「外禦盜賊，內護省會，下保兵民」的海防目標。如今，卻隨倭警平息，又將母港基地遷入重沙阻隔、出入不便的鎮東衛，一個明知海上突發有事、兵船難即赴敵因應的內港，福建當局同意此一決策，讓壇遊搬回鎮東衛的心態，確實十分地可議！

### 4、基地再遷松下鎮時的海壇遊兵

福建地方當局同意壇遊母港搬回鎮東衛，壇島地處海上、戍兵生活條件不佳是問題癥結的所在；再加上，海上倭警已漸平息，局勢恢復安定的情況下，遂有如此的結果。前文已提及，董應舉亦對壇遊避入內港一事甚感不滿，嘗指「退居鎮東（衛），（海壇）遊（兵）為虛設」，認為問題癥結處出在鎮東衛的地點，這可由他寫給時任巡海道一職的徐日久信中得悉，文中指出：

> 海壇遊（兵），舍[誤字，應「捨」]觀音澳而徙入鎮東（衛），不當賊衝，則此遊（兵）為空設矣。[57]

董認為，僻處內港、不當賊衝是鎮東衛做為水師基地的最大致命傷，不僅如此，他個人還主張，壇遊的母港基地必須遷出鎮東衛，再搬回曾經常駐過的壇島觀音澳，他說：

---

[57] 董應舉，《崇相集選錄》，〈與海道徐公書〉，頁 72。

> 海壇遊（兵），原駐海壇（島）觀音門，……今船少將懦，入居鎮東（衛），則海壇（遊兵）為空設，非復其舊不可！[58]

董個人提出，壇遊出鎮觀音澳的主張，時間最晚不超過崇禎初年。[59]母港能否遷出鎮東衛，此舉，不僅關係壇遊能否發揮其應有的功能，更牽涉到能否在省城福州南面的海域構築一道完整的海上防線，以對抗天啟以後日漸猖獗的閩海賊盜。[60]亦即，壇遊母港若能遷至觀音澳，除有較能掌握海上動態，方便偵敵接戰的考量外，還牽涉到福州海域南面防線構築的問題，因為，它直接關係到省城福州的安危與否。

關於此，董應舉便認為：「漳（州）、泉（州）事體，與福（州）海（域）不同。……處漳（州）、泉（州）之法，在收拾

---

58 董應舉，《崇相集選錄》，〈漫言〉，頁 54。

59 董應舉主張壇遊遷回壇島的觀音澳，首見於氏著〈漫言〉一文，該文首句有「崇禎己巳七月末，吉蓼[即吉了]警至，人心奔潰……」之語，即指崇禎二年七月海盜李魁奇襲攻吉了、南日寨兵敗潰一事，而文章底下便是福州省城防衛對策之討論，壇遊遷回觀音澳的見解係在此時提出，見氏著，《崇相集選錄》，〈漫言〉，頁 52。關於吉了敗潰一事，亦見於董應舉的〈答張邑侯書〉、〈謝按院張公書〉、〈與馬還初書〉……諸文，皆收入《崇相集選錄》書中。

60 天啟、崇禎年間，閩海盜賊昌盛蔓延的原因十分地複雜，包括有內政的敗壞，米價的騰貴，個人的利慾薰心，以及海禁漸嚴、濱海民眾生理無路……等因素所導致的結果，多係本土的海盜，較有名有楊祿兄弟、鄭芝龍、李魁奇、鍾斌和劉香等人。請參見張增信，《明季東南中國的海上活動（上）》（臺北市：中國學術著作獎助委員會，1988 年），頁 126。

人心以散賊黨。福（州）、興（化）苦南賊為害，在扼險要，以折賊鋒」。[61]福州南面的海防，首重在扼守險要處，以對付北犯的賊寇，南日、海壇和東、西洛島等三處，是在賊寇必經之處（參見附圖四：海壇遊兵相關地名示意圖。）。其中，最北面的東、西洛島，由對面岸邊的松下鎮兵船扼控，而南面首當其衝的南日島，有吉了漁民組成的漁兵對付，只要為民去除虐害，固結當地人心，便可達成目標。[62]然而，問題最大的是壇島，因負責防務的壇遊依然避居內港鎮東衛，造成防線上的重大缺失，故主張壇遊必須遷回故地——壇島的觀音澳。他的理由如下：

> 海壇（島）下接南日（島），上接東、西洛，其地亦有漁船、鄉兵可用。該遊[即海壇遊兵]若出鎮觀音澳，則上下聲息相接；(觀音)澳中可泊船數百艘，用力把截，(海)賊亦不能徑上（襲攻福州省城）。若但靠松（下鎮）兵扼東、西洛而海壇遊總任其內居（鎮東衛），吉了人心不行固結，亦非萬全之道。[63]

61 董應舉，《崇相集選錄》，〈與海道徐公書〉，頁 72。

62 以上內容，請參見董應舉，《崇相集選錄》，〈與海道徐公書〉，頁 72。吉了，為南日水寨所在地，為何由該地的漁兵而非南日寨兵去對付賊寇？筆者疑以為，主要當和崇禎二年海盜李魁奇襲攻吉了，南日寨兵敗潰，船隻被焚兩百餘艘，元氣尚未恢復有關。

63 董應舉，《崇相集選錄》，〈與海道徐公書〉，頁 72。

董認為，觀音澳地處壇島東南角，三面環海，突出海上，且面朝南方，壇遊若能出鎮此處，兵船不僅可堵截沿海北上襲攻省城福州的倭盜，還可和南北邊的吉了漁兵、松下鎮兵互通聲息，在福州南面海域構築一道完整的海上防線。如此，南日、海壇和東、西洛島賊所必經之地，皆有兵防武力堵截，「三處著力，則賊亦破膽」，[64]省城自然安穩無虞。

但此同時，亦有人主張將壇遊遷至松下鎮，以扼南賊北犯的通路。松下鎮又作松下寨，地屬福州府長樂縣二十都，位在壇島西北方岸邊，鎮東衛的東北面，它與鎮東衛東邊不遠處的松下寨（地屬福清縣）同名，兩者極易相互混淆（參見附圖四：海壇遊兵相關地名示意圖。）。至於，在海防戰略上它有何重要性？松下鎮，是省城外閩江口南岸梅花以下唯一可泊船處，其餘各澳皆水淺浪猛，敵寇不易上岸，係長樂縣之咽喉，「臨海要衝，商船寄椗取水（之處），明嘉靖中倭從此突入福清（縣）、鎮東（衛）」之要地。[65]關於此，明末崇禎《長樂縣志》卷之二〈經略志・海防〉曾有以下的描述：

> 自梅花至松下澳[即松下鎮]，中歷後山、門口、黃崎、仙崎、漳港、壺井、洽嶼、漳坂、大祉、小祉共十一澳，皆東沿大海波濤衝激，傍岸水淺，寇船難近；又有煙墩

---

[64] 董應舉，《崇相集選錄》，〈與海道徐公書〉，頁 72。

[65] 引自徐景熹等纂，《福州府志》（臺北市：成文出版社，1967 年），卷 13，〈海防・防禦要衝・長樂縣〉，頁 16。

> 二十二，棊布星羅，防守頗密。獨松下（鎮）漸南與福清接壤，古稱為長樂（縣）咽喉，為南廣（東）北浙（江）客船停泊之區。[66]

至於，主張壇遊議遷松下鎮的人，他們的理由便是「松下（鎮）為鎮東（衛）門戶，南賊入犯必經之路」。[67]松下鎮是福州海防重地鎮東衛的門戶，又地控海中的東、西洛島，而且松下當地強悍的民風向為賊盜所畏懼。

松下鎮有上述諸多的優點，亦讓董應舉不再堅持先前出鎮觀音澳的見解，同意壇遊北遷松下鎮的主張，董說道：

> 近議欲移海壇遊（兵）於松下（鎮），以松下（鎮）為鎮東（衛）門戶，南賊入犯必經之路。……若依寶鵲山城之，攝以遊（兵把）總，西可以障鎮東（衛）、東可以闌內地之入。且其人勁悍善戰，素為南賊所憚；據其險，因其人，化虛設之（海壇）遊為要地之障，策無善此者。[68]

董個人並非要放棄壇島的防務，而是認為「以海壇遊（兵）而居鎮東(衛)，賊過不知，是真廢海壇(島)耳！今移於松下(鎮)，為鎮東（衛）扼門戶、為東北內海扼路頭，不失前所以設（海

---

66 夏允彝撰，《長樂縣誌》，卷之2，〈經略志・海防〉，頁24。

67 董應舉，《崇相集選錄》，〈福海圖說〉，頁61。

68 董應舉，《崇相集選錄》，〈福海圖說〉，頁61。

壇）遊之意」。[69]他同意壇遊北遷松下鎮是有但書的，亦即壇遊在壇島的汛期防務不因母港搬遷而改變，「今雖移松下（鎮），哨法如故」，[70]北遷的壇遊「亦不時分哨海壇（島），與萬安（千戶所）、南日（水寨）遙相接，猶得實用」。[71]由上述的話語，可清楚地看出，董最關心的一件事是壇遊能否發揮其應有的功能，「使不虛設」是重點所在，[72]而遷出僻居內港、賊過不知的鎮東衛，讓壇遊母港較近大海、方便接戰偵敵是第一要務，至於，搬移地點是觀音澳或係松下鎮的考量，還在其次。

至於，接下來，壇遊遷去壇島西北方岸邊的松下鎮後，它的情形又是如何？首先是，董應舉在〈答問防海事宜、光澤善後實行保甲、開洋利害諸款〉一文中，有如下的記載：

> 今中丞沈公下令城松下（鎮）東澳，欲移海壇遊（兵）之退居鎮東（衛）者，出而彈壓於此。據其咽喉，且扼南北賊往來必經之地，最為得策。如城成移鎮，募其人為兵，收其豪傑為用，有糧以養其妻子，有賞級以酬其雄心，不惟可以消本地之賊，且得其力以當賊衝；西可

---

[69] 董應舉，《崇相集選錄》，〈福海圖說〉，頁 61。本文發表於《興大歷史學報》第19期時，遺漏此條註釋，今補入，特此說明。

[70] 董應舉，《崇相集選錄》，〈福海圖說〉，頁 61。本文發表於《興大歷史學報》第19期時，遺漏此條註釋，今補入，特此說明。

[71] 董應舉，《崇相集選錄》，〈福海圖說〉，頁 61。

[72] 董應舉，《崇相集選錄》，〈福海圖說〉，頁 61。

> 障鎮東（衛），折而東北亦可障（福州）省門閩安鎮之南口：此今日之要圖也。[73]

文中提及「今中丞沈公下令城松下東澳」一語，而「中丞沈公」便指崇禎八年（1635）接任閩撫一職的沈猶龍，[74]並由上文得知，福建當局曾為母港北遷的壇遊築建堡城，地點是在松下鎮的東澳，此城係將原有的舊城擴建而成的。董應舉個人期望，遷此的壇遊兵船能「據其咽喉，且扼南北賊往來必經之地」，更期盼堡城擴築後，能增加兵備的規模，募兵招才、給糧養眷，並給獎賞鼓勵，以達到「不惟可以消滅本地之賊，且得其力以當賊衝，西可障鎮東（衛），東北亦可障（福州）省門閩之南口」的海防目標。其次是，新建的東澳堡城規模有多大？根據董的說法是「周丈五百」，[75]亦即周圍大約有五百丈之長，其實，它的詳細周圍長度正確為四百八十丈，若拿它和沿海衛、所、巡司的堡城相比，它的規模似乎不算小，例如泉州的永寧衛城約有八百七十五丈，崇武守禦千戶所城則為七百三十七丈，而祥芝巡檢司城才不過一百五十丈而已。[76]

最後是，壇遊母港東澳新城的擴建過程。前已提及，該城

---

73 董應舉，《崇相集選錄》，〈答問防海事宜、光澤善後實行保甲、開洋利害諸款〉，頁 89。

74 沈猶龍，直隸華亭人，萬曆丙辰進士，曾以右僉都御史巡撫福建，時間從崇禎八年至十二年，前後共計五年。

75 董應舉，《崇相集選錄》，〈閩海事宜〉，頁 93。

76 懷蔭布，《泉州府誌》，卷之 11，〈城池〉，頁 18 和 31。

擴築於閩撫沈猶龍任內，至於它的興建過程，崇禎《長樂縣志》卷之二〈經略志・城池〉，曾有詳細的描述，內容如下：

> 松下城，在（長樂縣）二十都，洪武六年設防倭巡簡[誤字，應「檢」]寨司。嘉靖庚申[即三十九年]，生員陳志玉、耆民吳齊禮等呈請拓寨為城，周三百一十六丈，高丈二，廣八尺，……崇禎九年，巡撫沈猶龍從董司空應舉議，此地為省城南口鐵障，擴城上包山、下塞海，共四百八十丈，費一千八百金。[77]

由上可知，閩撫沈猶龍在崇禎九年（1636）時，聽從董應舉的建議，擴築東澳堡城，新城詳細周圍長為四百八十丈，較嘉靖時舊城三百一十六丈多出有一百六十餘丈，而此一擴建工程，係由董的門人鄭際明經董其事，鄭亦曾對其師改轉贊同壇遊母港北遷松下鎮的原因，做過一番的說明：

> 崇禎丁丑[即十年]，董司空[即董應舉]請城松下（鎮），欲移海壇遊（兵）之居鎮東（衛）者出鎮於此，以鎮東（衛）堂室也，松下（鎮）門戶也，海壇（島）藩籬也。鎮東（衛）既有軍衛、兵營，又加海壇遊（兵把）總，積之無用；而松下（鎮）不守，孰若移鎮東（衛之海壇

77 夏允彝撰，《長樂縣誌》，卷之2，〈經略志・城池〉，頁12。

> 遊兵）以守松下（鎮），而長（樂縣）、福（清縣）俱固乎！[78]

鄭在文中指出，從福州海防角度來觀察，若以一間房屋來做比喻，鎮東衛係居住的「堂室」，松下鎮是進出的「門戶」，海壇島則是外面的「藩籬」，而扮演看守警衛的壇遊，究竟是看守「堂室」、「門戶」或「藩籬」？當然是以「藩籬」為首要的考量，但是，福建當局卻放棄看守「藩籬」的壇島，反令警衛看守「堂室」的鎮東衛，董應舉認為，與其讓其繼續看守「堂室」，不如令其警衛看守「門戶」，因為，松下鎮畢竟是臨海要衝，長樂縣之咽喉，南北賊往來必經之地，董不再堅持己見壇遊必須出鎮壇島，改而退求其次，同意其北遷松下鎮，甚至，還主動建議福建當局如此地做，董上述的作為，除有個人保衛自己鄉里的用意之外，[79]他個人對福建海防佈署的識見和用心，亦甚值得後人的敬佩和稱讚。

然而，就在壇遊的母港北遷松下鎮之後，閩海似乎亦已無大規模的海盜活動。先前海盜較大者是劉香，崇禎八年（1635）四月為福建當局招撫的海盜鄭芝龍所勦滅，多年未見「海波不驚」之景象重新再現，商、漁往來無梗阻，邊民安居樂業。然

---

[78] 夏允彝撰，《長樂縣誌》，卷之2，〈經略志・海防〉，頁24。

[79] 松下鎮位置較北，壇遊的母港遷此，更有助於福州省城的聲息應援。董應舉為閩縣人，閩縣為福州府附邑，保護福州省城連帶附邑的閩縣亦一起受惠，故此舉多少有站在保衛自己鄉里的立場意味，關於此，請詳見董應舉《崇相集選錄》諸文。

而，不幸的是，大明帝國卻在不久之後，即十七年（1644）時京城為李自成所攻破，崇禎帝自縊於煤山，結束了兩百餘年的統治，中國又進入另一場新動亂之中。

## 四、結　　論

明代中期嘉靖倭寇之亂，為閩海生靈帶來巨大的苦難，倭亂勦後，部分殘倭在海壇島一帶活動並未完全斷絕，且威脅到福州省城的安危。為此，福建地方當局便於隆慶四年（1570），在該島設立機動的海上打擊部隊－－「海壇遊兵」，其目的在鞏固省城福州的南面藩籬，填補南日水寨內遷後所遺留下來的海防空隙，並扮演昔時水寨設在近海島中據險伺敵的角色。明政府，在海防要地的壇島佈署了遊兵，可視為是對嘉靖倭亂創痛的省思，以及缺失補漏之具體行動，在明代福建海防佈署上是具有正面的意義。

但是，海壇遊兵這支春、冬汛期時出泊海壇島上，可供福建當局靈活調度、具「任務型」特質的機動部隊，約在萬曆四年（1576）後不久卻改成出汛時有固定哨守地點（包括有觀音澳、葫蘆澳……等處），且須和南日水寨兵船會哨（在壇島西北端的蘇澳），與原先設此遊兵的用意及其任務性質，已截然大不相同！雖然，此時壇遊無固定信地、機動聽調的性質已經改變，但是，收汛返航的母港基地卻仍設在鎮東衛。萬曆中期，倭犯朝鮮，閩海隨之告警，福建當局為因應局勢的變化，巡撫許孚遠遂於二十三年（1595）時在壇島上築城建營，讓壇遊的官兵可常年駐防島上，收汛時毋須返回母港鎮東衛，不僅如此，還大肆地開放邊民前往壇島開墾土地，由政府徵收田賦，希望壇島藉此達到「有田可耕，有兵可守，雖有寇至，可以無虞」的海防目標。可是，此舉卻隨著倭酋身故撤兵，閩海隨之警息而廢弛下來，之後不久，壇遊亦以壇島地處海中，官兵生活條件不佳的原因，移入原先的母港亦即重沙阻隔、出入不便的鎮東衛，吾人將其前後的景況做一比照，可看出福建當局「臨時抱佛腳」的處事心態，一種情急應付、憂解忘過的可議心態！

海壇遊兵母港自搬回鎮東衛之後，雖不易發揮其功能，但因閩海長期並無重大之寇亂，故此一缺失不易明顯曝露，直至明末天啟年間，因福建海盜日益猖獗，勢力直逼至閩江口處，嚴重威脅到省城福州安危時，而肩負捍衛省城南面重任的壇遊，因仍避居內港鎮東衛，無法發揮功能的問題才被凸顯出來。此一嚴重問題，不僅受到福建當局的重視，亦讓福州地方紳民憂心不已！他們為其性命財產之安危，主動地出面要求壇遊必須要遷出鎮東衛，以利禦寇保衛地方；其中，又以閩縣人董應舉的議論，最具代表性。董曾挺身疾呼，建議福建地方當局，將壇遊東遷至壇島的觀音澳，使壇遊的兵船能方便堵截北犯省城的倭盜，且能與吉了、松下鎮二處兵力在福海南面構築一道完整的防線。然而，此時亦有其他不同的見解，有人主張，將壇遊北遷至鎮東衛門戶、長樂縣咽喉的松下鎮，以扼南賊北犯的通路。然而，面對此不同之意見，董不再堅持己見，不僅同意他人壇遊北遷至松下鎮的異見，且還主動建議福建當局如此去做，以讓壇遊發揮應有的兵防功能。因為，董個人最關心問題的是——「壇遊，能否發揮其功能？」其主張的重點有二：一是讓壇遊遷出內港鎮東衛，接近大海，方便偵敵禦寇是其主張的重點；另一則是，壇島春、冬汛期的防務不因母港搬至松下鎮而改變，至於，搬移地點是觀音澳或松下鎮，都是其次的問題。

前已言及，「鎮東（衛）堂室也，松下（鎮）門戶也，海壇（島）藩籬也」。福建當局在地處海中，戰略地位重要，生活條件不佳的「藩籬」——海壇島；臨海要衝，鎮東衛門戶，長樂縣之咽喉的「門戶」——松下鎮；內岸港邊，地近福清縣城，兵船出入不便的「堂室」——鎮東衛，上述這三者之間做了一個抉擇，結果卻在「堂室」和「藩籬」兩者間採用折衷的方案，選取了「門戶」松下鎮做為壇遊母港的新基地，而該地不僅符合福建當局「重北輕南，省城首要」的海防佈署的大原則。[80]而

80 明代中後期福建海防兵力的佈署原則，係延續嘉靖末閩撫譚綸、總兵戚繼光「嘉靖倭亂，寇多由浙南犯」的見解主張，亦即採取「重北輕南」的海防思維，並以「保衛福州省城」為首要目標，關於此，請參見何孟興，《浯嶼水寨：一個明代閩海水師重鎮的觀察（修訂版）》，頁228。以萬曆中倭犯朝鮮、閩海告警時為例，「如閩、浙分界，則烽火門（水寨）為先，蓋倭船必由此南下。扼津要、守門戶，誠防禦之一大關鍵也」（見顧亭林，《天下郡國利病書》，原編第26冊，〈福建・興化府志・水兵〉，頁56。），福建地方當局在臺、礌二山增置遊兵，即是為此。另外，福建當局並決定有警時，調遣總兵坐鎮定海千戶所以衛福州省城，並派遣肩負省城安危的小埕水寨兵船汛期時出屯西洋山、竿塘山二地，以遏省

且，它的距離又較鎮東、壇島更接近省城福州，與省城間的聯絡有聲息易通、方便應援的優點，對省城官民自然又多一分保障，故福建當局會有如此的決策，是不令人意外的。然而，就事論事，上述的決策是否完全正確，佈署的方式是否符合閩海整體的海防利益？吾人若以清初鎮東和壇島相關的歷史做一比對，即可知其一二。

先是，康熙九年（1668）清政府著手改造內港的鎮東衛為「寨」，它的軍事地位已不如明時。[81]接下來，十七年（1678）清政府又設「援剿鎮」於鎮東寨，十九年（1680）清軍擊敗鄭經克復壇島後，便將其兵力遷來此設立「海壇鎮」，[82]二十二年（1683）清政府在壇島建造衙署，海壇鎮總兵（即「水師總兵官」）便移駐該島，統領中、左、右三營兵丁三,〇〇〇人常戍該地。[83]清政府積極進取將鎮東衛的兵力遷出，改駐海中的壇

城北面賊衝，……這些措置皆以「保衛福州省城」為首要目標。請參見臺灣銀行經濟研究室編，《明實錄閩海關係史料》，萬曆二十五年七月乙巳條，頁 89；顧亭林，《天下郡國利病書》，原編第 26 冊，〈福建・興化府志・水兵〉，頁 56。

81 請參見徐景熹，《福州府志》，卷之 13，〈海防・防禦要衝・福清縣〉，頁 24。

82 請參見徐景熹，《福州府志》，卷之 12，〈軍制・巡防汛地・長樂縣〉，頁 18。關於此，民國十二年鉛印本的《平潭縣志》亦載稱：「閩之門戶又以平潭為要區，內而襟帶浙粵，外而控制台澎。平潭定，東南半壁之海無不定矣。清初特移鎮東衛于此，民國改駐水警，編制雖有不同，而因地設防求所以定之者，初無二道也」。文中的「平潭」，即今日海壇的地名。見黃履思，《平潭縣志》（臺北市：成文出版社，1989 年），卷 16，〈武備志〉，頁 1。

83 海壇鎮係由總兵一人統轄領導，下轄有中、左、右三營。其中，中營有兵一,〇〇〇人，由總兵及其轄下的中軍遊擊、中軍守備、千總和把總指揮；左營有兵

島，除擴充兵力數額外，又將其兵防等級升格為「海壇鎮」，使壇島變成一個「名符其實」的海防重鎮。九十年前，閩撫許孚遠「海壇屹然，足為雄鎮，則福州門戶扃固」的目標理想，卻在日後由新入主中原的滿人政權手中實現，說來多少有點諷刺！然而，上述清政府的積極作為，不僅可間接去佐證，福建當局昔日同意壇遊遷入「堂室」鎮東衛係一不智之舉！而且，可讓吾人有很好理由去懷疑，其後來搬遷壇遊至「門戶」松下鎮的決策，是否完全地正確？

最後，筆者想引用董應舉的一段話，做為本文的總結。崇禎二年（1629）海盜李魁奇襲破吉了的南日水寨後，人心惶恐不安，對保衛福州省城究竟是該防守門戶的閩安鎮，或是閩江口的琅琦、五虎門……因見解不同而爭論不休時，董曾經講了以下這段發人深省的話：「夫扼險者，扼於內，不如扼於外。扼內者，如鼠鬥穴中，弱者先走；扼外者，如虎踞當道，展步有餘」。[84]亦因如此，壇遊的母港基地，究竟是該設在鎮東衛、松下鎮或是海壇島？它的答案，已經非常地清楚。

（原始文章刊載於《興大歷史學報》第 19 期，國立中興大學歷史學系，2007 年 11 月，頁 280-306。）

一,○○○人，則由左營遊擊及其轄下的中軍守備、千總和把總指揮；右營有兵一,○○○人，亦由右營遊擊及其轄下的中軍守備、千總和把總指揮。請參見金鋐、鄭開極，《(康熙)福建通志》(北京市：書目文獻出版社，1988 年)，卷之15，〈兵防．國朝兵制〉，頁 18。

84 董應舉，《崇相集選錄》，〈漫言〉，頁 53。

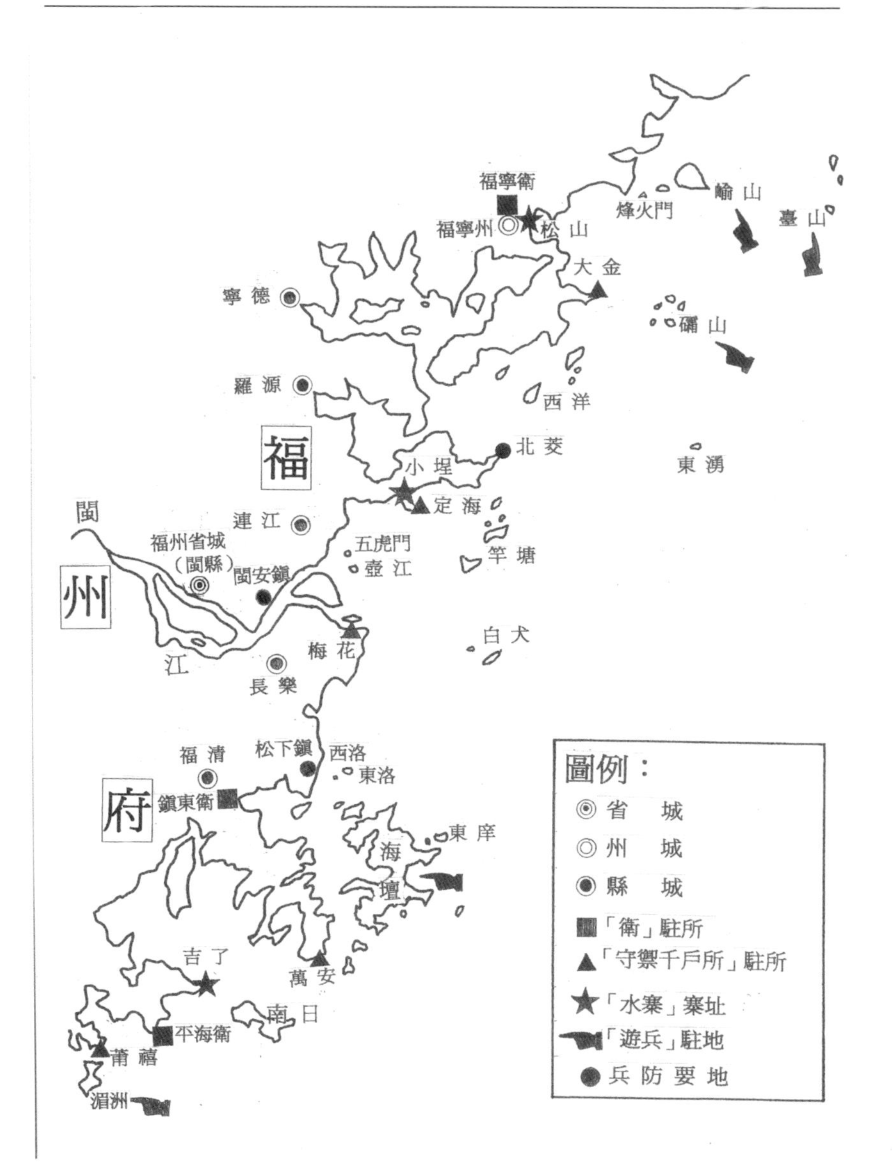


附圖一：明代福州沿海兵備示意圖，筆者製。

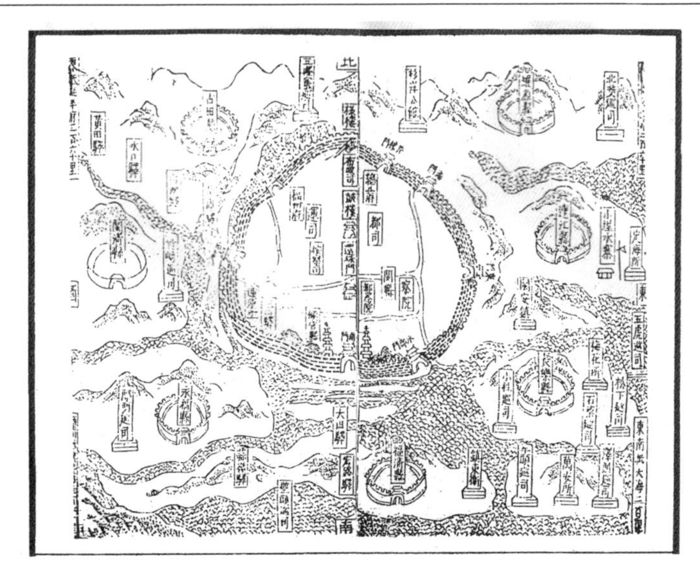


附圖二：萬曆時福州省城及其沿海兵防圖，引自《福州府志（萬曆癸丑刊本）》。

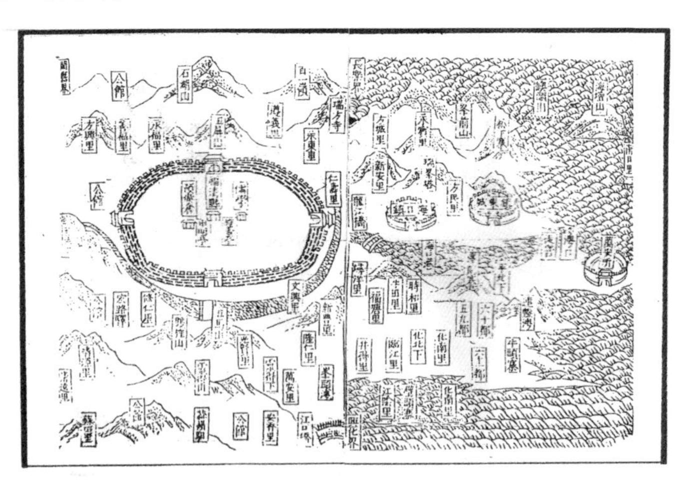


附圖三：萬曆時海壇島和福清縣城圖，引自《福州府志（萬曆癸丑刊本）》。

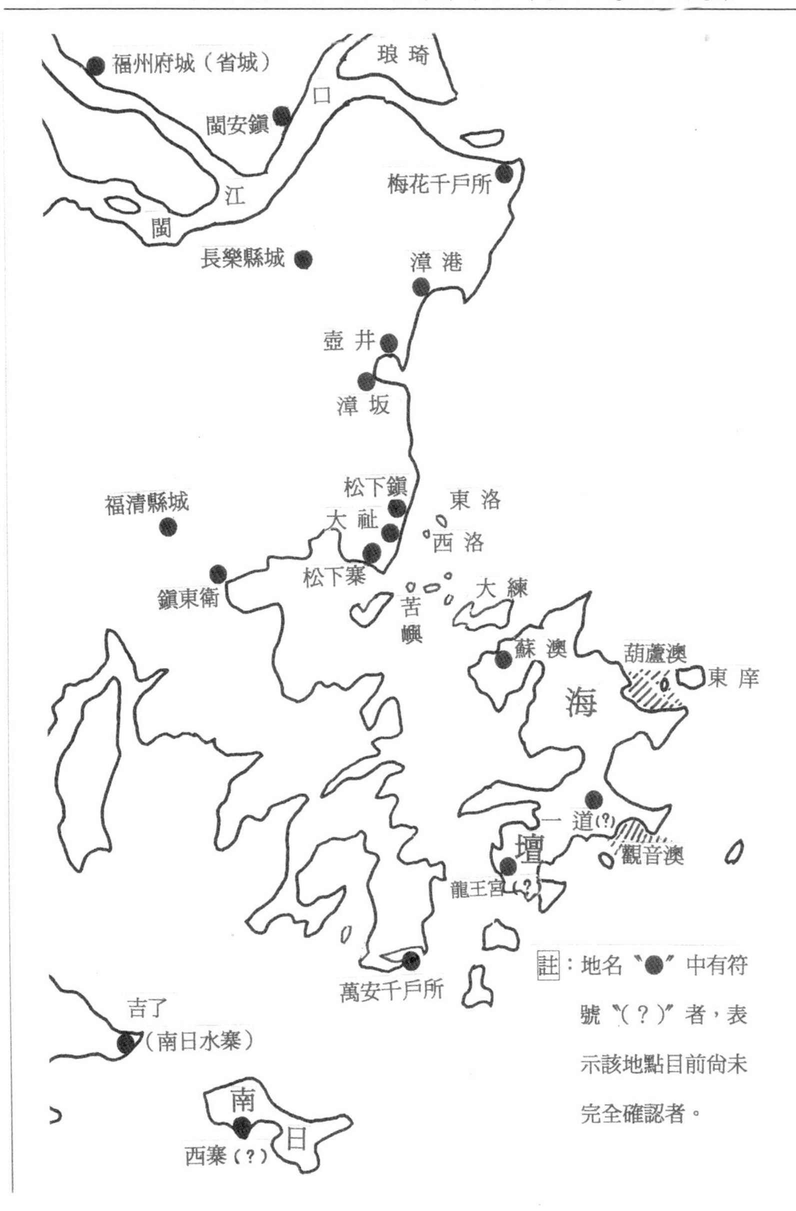


附圖四：海壇遊兵相關地名示意圖，筆者製。

附圖五：明代閩海中的「海壇遊兵」，引自《籌海重編》。

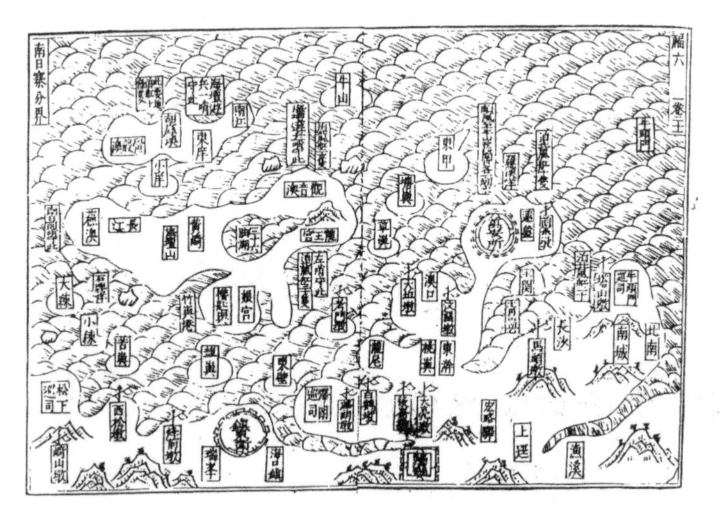


附圖六：萬曆二十年前後海壇島附近汛防圖，引自《籌海重編》。

# 明代福州海防要地「竿塘山」之研究（1368-1456 年）*

## 前　　言

> 南、北竿塘，（連江）縣東北大海中，距（縣）八十餘里，衝要海汛。南竿塘屬閩縣，北竿塘屬連江縣。北竿塘設烟墩瞭望。[1]

以上的這段文字，是二百五十年前有關南、北竿塘島簡要

* 本文曾榮獲福建省連江縣政府九十六年離島建設基金「累積馬祖學：論文研究獎學金補助專案計畫」之獎勵，特此致謝。

1 徐景熹修，《福州府志》（臺北市：成文出版社，1967 年），卷 13，〈海防・防禦要衝・連江縣〉，頁 20。附帶一提的是，筆者為使文章前後語意更為清晰，方便讀者閱讀的起見，有時會在文中的引用句內「」加入文字，並用符號“( )”加以括圈，例如上文的「（連江）縣東北大海中」。

的描述，它出現在清高宗乾隆十九年（1754）刊刻《福州府志》卷十三〈海防・防禦要衝〉一節的「連江縣」內容中（請參見附圖一：清代連江縣圖。）。而在這段文字的前數頁，同節「閩縣」條中，亦有一段文字的記載：「南竿塘，衝要海汛，與連江（縣）北竿塘毗連。南、北竿塘，兼白犬、東沙（防務），置戰船四（艘），撥千、把總一員巡防，南竿塘設烟墩瞭望」。[2]文中有關南竿塘的敘述和前段內容相似，皆與兵備防務有關，而且，直言南、北竿塘二地均屬海防要地，島上皆設有烽火烟墩（請參見附圖二：明代沿海烟墩圖。），[3]用以瞭望海上的敵情動態；除此之外，另又述及道，清前期時已在竿塘島上設有水師官軍兵船，它的防務範圍兼及其南面不遠處的白犬列島和東沙島。白犬列島，即今日馬祖的莒光列島，白犬列島又分東、西犬二島，即今日的東、西莒島。至於，東沙島可能是今日留有明神宗萬曆四十五年（1617）沈有容東沙擒倭之「大

2 徐景熹修，《福州府志》，卷 13，〈海防・防禦要衝・閩縣〉，頁 13。

3 烟墩又作烽燧、烽堠或墩臺，即相度地方距離之遠近，設烽火以偵候敵人蹤跡之處所，具有偵察報警之功能。至於，烟墩與烟墩之間距離則多寡不一，因地理情況的不同而有所差異。以明代沿海地區為例，根據抗倭名將戚繼光的說法是，原則上大約以十里之內設立烽堠一座，難以瞭探敵情的地方則三或五里便設一座，至於容易瞭探者十里以上設一座即可。請參見何孟興，《浯嶼水寨：一個明代閩海水師重鎮的觀察（修訂版）》（臺北市：蘭臺出版社，2006 年），頁 71。另外，上面附圖二「明代沿海烟墩圖」係引自明人戚繼光《紀效新書（十四卷本）》，本文發表於《止善學報》第 7 期時，並無此圖，今為使讀者能對烟墩有較深入的體會，筆者特別增列此圖以供參考。

埔石刻」的東莒島，[4]另一可能則是東莒東北方五十里處的東沙島，亦即東湧島（即今日東引島）南面的島嶼，今仍名「東沙」或「大沙」者。[5]

由上文可知，清代南、北竿塘是以軍事功能的海防要衝之地，為當時人所知悉。至於，竿塘二島究竟是在何處？竿塘，即今日福建省連江縣馬祖列島的南、北竿二島。南竿島又名馬祖島，北竿島又名長嶼山。其中，面積較大的南竿島，不僅是馬祖列島主島，亦是現今連江縣的政、經中心，有人曾形容「馬祖的軍事建築密度居世界之冠，南竿的北海坑道和鐵堡，以及四處可見的碉堡和防空洞，都是戰地前縣最顯明的意象」，[6]而將此一景象，拿來和前文二百多年前「南、北竿塘，（連江）縣東北大海中，……衝要海汛」的實際景況相比對，[7]「似曾相識」之歷史感慨，不免油然而生！

---

4 請參見何培夫主編，《金門・馬祖地區現存碑碣圖志》（臺北市：國立中央圖書館臺灣分館，1999 年），〈「沈有容生獲倭寇旌功碑記」碑文說明〉，頁 224 和 278。

5 東沙島，馬祖列島東面屬島，屬連江縣，因該地風浪大故名「東沙」，又名「大沙」。請參見傅祖德主編，《中華人民共和國地名詞典：福建省》（北京市：商務印書館，1995 年），頁 428。

6 湯谷明，《聽看馬祖》（臺北市：野人文化股份有限公司，2004 年），〈南竿導覽圖〉，附圖文字無頁碼。

7 本文發表於《止善學報》第 7 期時，此處原始文字為「南、北竿塘，係海防要衝之地」，今為本文前、後文氣聯結更緊密，故改以前述正引文的節略句——「南、北竿塘，（連江）縣東北大海中，……衝要海汛」來加以呈現替代之，特此補充說明。

其實，不只是清代，若向前追溯至明代，吾人亦可發現，竿塘二島同樣亦屬海防軍事要地，它的地理位置、戰略地位以及歷史的演變過程，具有一定程度的研究價值。因為，筆者任教課餘之暇，近來於明代福建海防相關問題之探索饒有興味，此次欣聞連江縣政府推動研究獎勵的計畫，筆者遂不揣冒昧撰寫〈明代福州海防要地「竿塘山」之研究（1368-1456 年）〉一文，期望透過拙文對有明一代前期福州府海防要地的竿塘山，[8]做一番研究論述，它的探討時間係起自洪武帝朱元璋建國，訖於代宗景泰（1450-1456）年間。至於，本文之論述為何訖止於景泰年間？主要是，竿塘山曾是小埕水寨的兵防要地之一，而小埕水寨又是當年明帝國為對抗倭寇侵擾福建海域（以下簡稱「閩海」）興建的水師兵船基地，類此之基地，在福建邊海主要有五座，由北而南依序為烽火門、小埕、南日、浯嶼和銅山水寨，史書合稱其為「五寨」或「五水寨」。因為，福建五水寨建構完成的時間，最晚當不超過景泰年間，[9]亦因如此，本文所述僅止於小埕寨設立前。雖然，其後竿塘山歷史的發展與該寨關係密切，但有關此部分之內容，則容筆者蒐集資料完備後，另行撰文說明之。[10]小埕水寨，設在福州府連江縣

---

[8] 明時，常稱呼特起而高出海平面的海中島嶼為「山」，如竿塘山、南澳山、西洋山、彭湖（即今日澎湖）山、……等，此「山」字也常和「嶼」、「島」互用。

[9] 請參見何孟興，《浯嶼水寨：一個明代閩海水師重鎮的觀察（修訂版）》，頁 17。

[10] 本文發表於《止善學報》第 7 期時，並無上文「亦因如此，本文所述僅止於……，

北方岸邊的小埕澳（即今日連江縣筱埕），主要係以保衛福建省會——福州城海防安全為目標，其軍事地位在五水寨之中是首屈一指的。而本文論述的內容，主要包括有「竿塘山地理名稱之變遷」，「海在福建，為至切之患」，以及「竿塘山和福州海防關係之探討」等三個部分，其中，「竿塘山和福州海防關係之探討」的部分因內容較為龐雜，故又分成「竿塘山和福州海防安危之關係」和「竿塘山和福州海防佈署之關係」兩個小節，來加以說明之。

目前，有關馬祖列島相關的歷史論著，根據筆者的瞭解，內容多集中在列島的開發歷史、沿革經略和古蹟保存等方面的探討，[11]有關明代馬祖海防的學術研究上屬尚待開闢的新天地，有進一步研究探討的空間，姑不論本文論述主題——明代竿塘二島海防尚未有專書論著，甚至於，連探討明代福建海防

另行撰文說明之」的語句，今為使讀者更清楚本段文句前後之語意，特別補入此段內容。

11 有關馬祖列島的開發歷史、沿革經略和古蹟保存的論著，主要作品有林金炎先生〈馬祖列島的歷史背景〉，以及《馬祖列島記》（板橋市：文胤打字印刷有限公司，1991年）、《馬祖列島記續編》（板橋市：文胤打字印刷有限公司，1994年）二書。其次是，李乾朗教授研究主持，為調查東莒島古蹟「大埔石刻」而完成的《馬祖大埔石刻調查研究》（連江縣：連江縣政府研究委託，1996年10月），該書除了收錄李所撰述的〈大埔石刻現況及修護計劃〉以及林金炎〈馬祖列島的歷史背景〉之外，亦收入大陸知名學者徐曉望〈東莒島大埔石刻的文化價值及其相關史實〉和〈大埔石刻上的兩位歷史人物〉兩篇文章。其他有關的作品，尚有大陸學者張書才〈馬祖列島開發歷史初探〉（收入《歷史檔案》2000年第1期），以及具人文深度的旅遊著作——湯谷明《聽看馬祖》等書。

論著提及竿塘二島者亦十分地少見，此係與明代竿塘相關史料數量不多，有著直接的關連。加上，筆者個人史料蒐羅能力又有限，而且，聞知此一研究獎助計畫的時間較晚些，故本文撰寫的過程至為匆促。獻曝之作，內容若有乖謬不足之處，更期望學界先進以及馬祖的鄉親，不吝指正批評之。

## 一、竿塘山地理名稱之變遷

今日馬祖列島的南、北竿二島，明時稱作「竿塘」或「竿塘山」。「竿塘」地名之由來，據說係因島上多生有茅竿草，故名之。明時，竿塘山的地理環境又是如何？清初時，杜臻《粵閩巡視紀略》一書曾有較詳細的記載，內容如下：

> 竿塘（山），兩山相連，在海中，以多茅竿（草），故名。先有居民，洪武（年）間內徙。上竿塘[按：即今日南竿島]，峰巒層曲，周三十餘里，有竹扈、湖尾等七澳，鏡澳（可）泊南、北風船十餘（艘），竹扈澳（可）泊南風船三十餘（艘），長箕澳（可）泊北風船三十餘（艘）。下竿塘[即今日北竿島]，周二十餘里，有白沙、鏡港等七澳，馬鞍澳（可）泊北風船四十餘（艘），但苦泥滑，下椗易移。（竿塘）二島，南至南茭、北至北茭、西至定海、東南至白犬、西南至五虎（門）各一潮水，（二島）相近一石峰，高可六十餘仞俗呼「竿塘栿」，凡哨

> 探淡水、雞籠、琉球、日本，俱從此放洋、認此收澳。倭寇至竿塘（山），亦必泊而取水焉。[12]

由上文知，南竿島比北竿多可避風泊船之港澳。南、北竿島東南至白犬列島，西南至閩江海口的五虎門島，西邊至定海守禦千戶所（今日連江縣定海），南面至梅花守禦千戶所（今日長樂縣梅花鎮）之南茭，北方至黃岐半島頂端的北茭（今日連江縣北茭），皆為一潮水之距離（請參見附圖三：明代福州竿塘山沿海示意圖。）。而且，在南、北竿二島相近之處，有狀似木樁名為「竿塘杙」的高聳石峰，係明季兵船前往淡水、琉球……等地，瞭探匪盜動態時出發和返航的地標。更引人注意的是，乘風南下、出沒沿海的日本倭寇，亦把南、北竿島視為是航行中途的休息站，並在此停留並補給船上的飲用水。

然而，明時稱作「竿塘山」的南、北竿島，據史書記載，各朝代有「上、下干塘」、「上、下竿塘」、「南、北竿塘」、「官塘」、「關潼」或「關童」等各種不同之稱呼。至於，其演變之過程，如下：早在南宋孝宗淳熙（1174-1189）年間，泉州晉江人梁克家撰述的《三山志》，其卷二〈地理類二・敘縣〉便載稱，連江縣轄下的寧善鄉崇德里處有海島，名曰「上、下干塘」。其文如下：

---

12 杜臻，《粵閩巡視紀略》（臺北市：臺灣商務印書館，1983 年），卷 5，頁 53。另外，上文中出現〝[按：即今日南竿島]〞者，係筆者所加的按語，本文以下的內容中若再出現按語，則省略為〝[即今日南竿島]〞，特此說明。

崇德里：桑嶼。東路。上、下干塘在海中。關嶺。蛤沙。北交[即北茭]，舊有鎮，今廢。大、小亭山，昔黃氏兄弟載寶沒於此，遂二處立廟。[13]

這部八百餘年前的福建古老地志，不僅已有南、北竿二島的記載，而且，書中還提及「連江縣」之地名，係因「以縣治（處）連接江水，故名」而來。[14]此名為「上、下干塘」的南、北竿島，到明代時，則稱作「上、下竿塘（山）」（請參見附圖四：明代連江縣圖。），差別僅在「干」字上多了「艸」字，例如明人黃仲昭《（弘治）八閩通誌》卷之四〈地理・山川・福州府連江縣〉上記載：

上竿塘山，在大海中，峰巒屈曲，上有竹扈、湖尾等六澳。下竿塘山，突出海洋中，與上竿塘山並峙，山形峭拔，有白沙、鏡膝等七澳。[15]

這部珍貴的明代前期文獻，不僅如此地稱呼南、北竿島，同時亦記錄當時島上的地理景況。其他明代史書方志，諸如喻政《福

---

13 梁克家，《三山志》（北京市：商務印書館，2005 年），卷 2，〈地理類二・敘縣〉，頁 42。

14 梁克家，《三山志》，卷 2，〈地理類二・敘縣〉，頁 42。

15 黃仲昭，《（弘治）八閩通志》（北京市：書目文獻出版社，1988 年），卷之 4，頁 24。該書始修於明憲宗成化二十一年，完成于孝宗弘治二年，由福建鎮守太監陳道監修，黃仲昭編纂。黃，興化莆田人，成化丙戌進士，官至江西提學僉事。

州府志（萬曆癸丑刊本）》、[16]何喬遠《閩書》[17]……等，亦皆以「上、下竿塘（山）」喚稱該地。

但至清代以後，則多以「南、北竿塘（山）」來稱呼南、北竿島，清乾隆時纂修《福州府志》卷六〈山川二・連江縣・北竿塘山〉便稱：「北竿塘山，在（連江）縣東北大海中，山形峭拔，與南竿塘並峙，有白沙、鏡港、塖村、芹石、塘崎、石尖、盂澳等七澳」，[18]同書卷五〈山川一・閩縣・城外山川・南竿塘山〉亦載稱：「南竿塘山，山在五虎門東大海中，峰巒屈曲，有竹扈、湖尾等六澳，與連江（縣）北竿塘山對峙」，[19]而此一南、北竿塘（山）的地名，直至民國以後還一直被沿用著。如民國十一年（1922）完稿的《連江縣志》，在其卷四〈山川・山〉中便有「南竿塘山即上竿塘，原屬連江縣，後割屬閩縣，今仍屬連（江縣）。北竿塘山，即下竿塘。二山在定海外東南海中，遙遙並峙」的記載。[20]此外，明代的史籍有時亦稱南、北竿島為「官塘」或「官塘山」，[21]此一稱呼，直至清代仍

16 請參見喻政，《福州府志》（北京市：中國書店，1992 年），卷 5，〈輿地志五・山川下・連江縣〉，頁 12。

17 請參見何喬遠，《閩書》（福州市：福建人民出版社，1994 年），卷之 4，〈方域志・福州府・連江縣・山〉，頁 106。

18 徐景熹修，《福州府志》，卷 6，頁 28。

19 徐景熹修，《福州府志》，卷 5，頁 20。

20 曹剛等修，《連江縣志》（臺北市：成文出版社，1967 年），卷 4，頁 4。

21 明代，有時亦稱南、北竿島為「官塘」或「官塘山」，此一稱呼，清代仍常沿用。例如明世宗嘉靖三十二年時，浙江福建海道巡撫王忬〈條處海防事宜仰祈速賜施行疏〉便稱：「臣訪得，番徒、海寇往來行劫，須乘風候。南風汛，

常沿用，[22]而附帶一提的是，清代有時亦稱竿塘二島為「關潼」或「關童」。[23]

## 二、「海在福建，爲至切之患」

至於，南、北竿二島開發起源於何時？據稱，早在元世祖至元十四年（1277）時，南竿島便有人前往開發。明剛值建國時，即太祖洪武元年（1368），亦有福州府連江、長樂二縣漁

則由廣而閩、而浙、而直達江洋；北風汛，則由浙而閩、而廣、而或趨番國。……在閩，則走馬溪、古雷、大擔、舊浯嶼、海門、浯州、金門、崇武、湄州、舊南日、海壇、慈澳、官塘、白犬、北茭、三沙、呂磕、崳山、官澳；……皆賊巢也」。見臺灣銀行經濟研究室，《明經世文編選錄》（臺北市：臺灣銀行經濟研究室，1971 年），頁 64。

22 例如范咸《重修臺灣府志》卷一〈封域・形勝・附考〉中，便曾載稱：「由廈門經料羅至金門之南澳，可泊數百船，……復沿海行，二地皆小港，南日、古嶼東出沒隱見，若近若遠則海壇環峙諸山也。白犬、官塘，亦可泊船。至定海，有大澳，泊船百餘。至三沙、烽火門、北關澳，亦如之。此為閩、浙交界」。見該書（南投縣：臺灣省文獻委員會，1993 年），卷 1，〈封域・形勝・附考〉，頁 50。

23 例如周凱《廈門志》卷四〈防海略・島嶼港澳・（附）臺澎海道考〉，便載道：「廈門東南兩島，一臺灣、一澎湖，遙懸大海中；臺為全閩外藩，澎乃漳、泉門戶。……北路之後壠港與南日對峙，竹塹與海壇對峙，南嵌與關潼對峙【一作官塘】，上淡水與北茭相望，雞籠與沙埕烽火門相望【一作雞籠與福州對峙】」（見該書（南投縣：臺灣省文獻委員會，1993 年），卷 4，頁 137。）。又如范咸《重修臺灣府志》中亦有「淡水登舟半日，即望見官塘山【一作關童】。自官塘趨定海行大海中，五、六十里至五虎門」之記載（見該書，卷 1，〈封域・形勝・附考〉，頁 54。），皆是顯明的例子。而上二引文中括號"【】"內文字係原書之按語，下文若再出現，意同，特此說明。

民還來北竿島居住；另外，北竿北面不遠處的高登島，明時稱作「下目」或「下木」島，[24]該地亦在同年（1368）有對岸黃岐半島的漁民，遷移來此聚居。[25]然而，就在對岸居民絡繹前往北竿、高登二島定居之時，明帝國的東部邊海便不安寧，「先是元末瀕海盜起，張士誠、方國珍餘黨導倭出沒海上，焚民居、掠貨財，北自遼海、山東，南抵閩、浙、東粵，濱海之區無歲不被其害」。[26]亦即本土海盜勾結日本倭寇劫掠侵擾沿海，令洪武帝苦惱不已。明人鄭舜功《日本一鑑・窮河話海》卷之六〈流逋〉條中，亦有如下的記載：

> 倭，寇國初者，乃寇元之利也，必有流逋以導之。備考，流逋誘倭入寇自洪武己酉歲，廣東賊首鍾福全挾倭寇掠官兵，平之；又倭寇直隸，上[即洪武帝]遣使臣祭告東海，出師捕之。故於己酉、庚戌之歲，遣使往諭日本王。[27]

---

24 有關高登島的地理環境，如下：「下木澳，《籌海重編》作「下目澳」，又有上目澳，在（其）南（邊）。（下木澳）與黃崎對峙，在北茭之東，可泊南、北風船二十餘（艘），北至西洋（山）、南至竿塘（山），各一潮水」。見杜臻，《粵閩巡視紀略》，卷 5，頁 54。文中的《籌海重編》一書，係明人鄭若曾所作。

25 請參見傅祖德主編，《中華人民共和國地名詞典：福建省》，頁 427-428。

26 谷應泰，《明史紀事本末》（臺北市：三民書局，1956 年），卷 55，〈沿海倭亂〉，頁 588。

27 鄭舜功，《日本一鑑・窮河話海》（出版者不詳，1937 年），卷之 6，〈流逋〉，頁 467。

文中的「己酉、庚戌之歲」，便是洪武二（1369）和三（1370）年，洪武帝雖派遣使節逕赴日本曉諭，然而，倭患問題並未因此而獲有效地解決，「但其為寇掠自如」。[28]而令人更驚訝是，倭患侵擾卻成為明帝國東南邊防最大的問題，不僅在世宗嘉靖（1522-1566）年間掀起滔天巨禍，甚至還與明之國祚相始終。清初時，藍鼎元曾針對明季倭盜的問題，舉受害甚深的廣東省潮州府為例做一評論，指稱：

> 倭奴入寇，與明代相終始，而嘉靖、隆慶之間沿海生靈頻遭涂[誤字，應「塗」]炭，竟似島彝窟宅，全在此邦[指廣東潮州府]。哀哉！明之為治也，其它海寇不可枚舉，許朝光、吳平、曾一本、劉香等皆有名劇賊。……《舊志》目擊心傷，痛定思痛，所以有「山魈易撲，海寇難靖」之悲乎！[29]

明季不僅有倭寇入犯，本土海盜的危害亦不遑多讓，令藍有「山魈易撲，海寇難靖」之感嘆。其實，不只廣東潮州倭盜難滅，在鄰省的福建亦有相似的景況。

---

28 張燮，《東西洋考》（北京市：中華書局，2000 年），卷 6，〈外紀考・日本〉，頁 111。

29 藍鼎元，《鹿洲全集・鹿洲初集》（廈門市：廈門大學出版社，1995 年），卷 11，〈兵事志總論〉，頁 225。文中的「島彝」即「島夷」，在此指日本海盜。「島彝」（或「島夷」）一詞常出現在明代史籍中，雖此係明人對鄰近周邊的日本、琉球、呂宋或東番（即今日臺灣）……諸地人民的一般稱謂，但是，它最常被用來稱呼入犯中國沿海的日本海盜，特此說明。

因為，福建海岸線綿長，沿海島嶼林立，除因風帆瞬息千里，倭盜倏至、官軍猝難及防之外，它在地理上亦有特殊性，「福建僻處海隅，褊淺迫隘。用以爭雄，則甲兵糗糧，不足供也；用以固守，則山川間阻，不足恃也」。[30]福建一地東南濱海，西北負山，其與鄰省交通往來有一特點，即由陸路進入福建，不管是由浙江、江西或廣東，沿路多崇山峻嶺、急灘峽流，少有坦途，行人苦之。[31]其中，唯有從海道駛船進入福建最為便捷，籍貫漳州漳浦的藍鼎元，便曾指道：

> 宇內東南諸省，皆濱海形勢之雄，以閩為最。上撐江、浙，下控百粵，西距萬山，東拊諸彝，固中原一大屏翰。……自海入閩，則上起烽火門，下訖南澳，中間閩安、海壇、金門、廈門、銅山，無處不可入也。[32]

亦因「自海入閩，……無處不可入」，故外敵由海道進犯一直是福建邊防安危的最大挑戰。有關此，亦屢載於史書之中，例如「（西）漢（武帝）元封初，伐東越，遣橫海將軍韓說出句

---

30 顧祖禹，《讀史方輿紀要》（臺北市：新興書局，1956 年），〈福建讀史方輿紀要敘〉，頁 3959。

31 請參見藍鼎元，《鹿洲全集・鹿洲初集》，卷 12，〈福建全省總圖說〉，頁 238。

32 同前註。烽火門島，地處福寧州三沙堡東面的海中。南澳島則位在閩、粵交界處，閩安鎮係地福州城出入門戶，海壇島為福州海中大島，金門、廈門二島位處泉州海上，銅山島則在漳州，以上諸地皆為海防要地。其中，明時，曾在烽火門、廈門和銅山設立水寨，南澳、海壇二處則設有遊兵，以捍衛海防。

章【句章，見浙江慈谿縣】，浮海從東方往，遂滅閩越三國。……隋（文帝）開皇十年，泉州王國慶作亂，自以海道艱阻，不設備，楊素泛海奄至，擊平之。五代（後）漢初，吳越遣將余安自海道救李達【達，即閩叛將李仁達，時據福州，為南唐所攻】，遂有福州。（南）宋（恭帝）德祐二年，張世傑等共立益王昰於福州，蒙古將阿剌罕自明州海道來襲，福州旋陷」。[33]由此觀之，史上進犯福建者，不僅多從海上進襲，而且，征戰多以攻佔福州地區為首要目標。此一情況，在元末明初征討群雄陳友定時，亦未曾稍有所變。洪武元年（1368）時，明將湯和與廖永忠率軍南下伐陳，舟師亦自浙江明州（今日寧波）出發，由海道乘風抵達福州閩江海口之五虎門，[34]駐軍南臺，[35]進圍閩江岸邊之福州城，敵窘被迫投降，明軍順利入城，接著，又分兵掃蕩興化、漳州、泉州及福寧等地，進拔延平，陳友定被逮送回南京，八閩遂悉平定。清德宗光緒（1875-1908）時，鐫印的《防守江海要略》卷下〈閩海〉卷首，開宗明義言道：「海

---

33 天龍長城文化藝術公司編，《海疆史志第 23 冊・防守江海要略》（北京市：全國圖書館文獻縮微複制中心，2005 年），卷下〈閩海〉，頁 117。上面引文中括號“【】”內文字係原書之按語，下文若再出現，意同，特此說明。

34 五虎（門）島，位在福州閩江出海口處，明萬曆三十年時曾設五虎遊兵於此。該島係福州省城東面海上的要衝之地。請參見徐景熹修，《福州府志》，卷之12，頁 40。

35 南臺，地名，位在福州府附郭閩縣處。該地，明時置有監督公署和鎮守教場，供福建按察使和總兵訓練軍兵之場所。

在福建，為至切之患」，[36]確實有其道理。

吾人若綜觀上述的內容，可以獲得一個重要的結論，亦即「經由海道」、「攻取福州城」和「佔領福建全省」，上述這三者不僅是外敵入侵閩地的常有模式，亦是其攻略閩地的三部曲；而這其中，又凸顯出兩個重要的問題：一、「能否攻取福州城？」係決定來襲之外敵，日後是否能順利佔領閩地之重要關鍵。二、大海和福州城安危命運，兩者息息相關。而本文研究主題的竿塘山，因為，其位置正好處在閩江口外海中，與福州城邊防安危的關係，更是密不可分。

## 三、竿塘山和福州海防關係之探討

### 1、竿塘山和福州海防安危之關係

福州府，位在閩地東北處，東面瀕臨大海，元時為福州路，明洪武二年（1369）才改「路」為「府」，係福建行省八府之一。福州城（今日福州市，以下簡稱「福城」），則地處閩江下游岸邊，明時，設福州府治於此，不僅是福建省城（又稱「會城」）之所在，亦是明帝國閩地政治、經濟、文教和軍事的中樞，請參見「明代福州府城圖」（附圖五，引自《福州府志（萬曆癸丑刊本）》。）。因為，福城不僅偏居閩地東北，而且，又

36 天龍長城文化藝術公司編，《海疆史志第 23 冊‧防守江海要略》，卷下〈閩海〉，頁 117。

逼近閩江出海口處，故在先天地理形勢上，有「偏殘淺露」之缺點。有關此，清初時，顧祖禹嘗舉南宋滅亡為例，而曾感歎道：

> 吾嘗於南宋奔亡之餘，而反覆三嘆焉。蒙古之用兵也，縱橫馳突，大異前代。……（南宋）駐蹕於偏殘淺露之福州哉。廣州形勝十倍於閩，其不駐蹕於廣州者，懼肇慶之逼也。顧瞻四方，惟福州稍遠於敵，又於北近臨安[即今日杭州，南宋國都]，示不忘故都之意，從而建為行都，熟知敵人海道之兵，已自明州揚帆而至哉！[37]

福城地本已近大海，不僅有外敵自海入閩，無處不可入之潛在弱處，而且，又有地理形勢上難以改變之缺點，更加深福州城對其周邊防衛措施之依賴。前已提及，明軍既由浙江海道襲奪福城，多少亦知該處地理形勢之弱點，故明初在建構閩海邊防時，一定會特別留意及此，加強防禦措致以補其先天之不足。

亦因如此，首先在洪武四年（1371）時，明帝國便設立福州都衛指揮使司。八年（1375）時，福州都衛指揮使司改為福建都指揮使司，[38]並置福州左、右二衛於福州城，左、右二衛

---

37 顧祖禹，《讀史方輿紀要》（臺北市：新興書局，1956 年），〈福建讀史方輿紀要敘〉，頁 3960。

38 請參見張德信，《明朝典章制度》（長春市：吉林文史出版社，2001 年），頁 408。

各轄有左、右、中、前、後、中左六個千戶所。[39]洪武二十年（1387）時，江夏侯周德興又在福州府沿岸增建了三個軍衛指揮使司，即福城的福州中衛、福州府北面的福寧衛和南面瀕海的鎮東衛，[40]以及數個守禦千戶所。[41]其中，福州中、福寧和鎮東等三衛，皆各轄有五至六個千戶所；至於，守禦千戶所則有鎮東衛南面的萬安千戶所，以及福寧衛南面的大金和定海千戶所。次年（1388），又陸續在鎮東衛北面、閩江出海口處南岸設立梅花千戶所，用以增強福城南面的防禦強度。

吾人綜觀福州城之地理形勢，至少有三處影響其海防安危甚大，若依閩江入海流向來看，它分別是位在閩江下游近海口處、「閩省水口咽喉」的閩安鎮，[42]閩江海口要衝之地、「閩省門戶」的五虎門島，以及五虎西面海中防禦要衝的竿塘二島，請參見「明代福州竿塘山沿海示意圖」（請參見附圖三。）。首

---

[39] 黃仲昭，《(弘治）八閩通誌》，卷之 1，〈地理・建置沿革・福州〉，頁 9。

[40] 福寧，地處福建東北部，洪武元年（1368）置有福寧縣，隸屬於福州府管轄，直至憲宗成化九年時，才脫離福州府升格為福寧州。見黃仲昭，《(弘治）八閩通誌》，卷之 1，〈地理・建置沿革・福寧州〉，頁 32。

[41] 明代守禦千戶所，不由（軍）衛指揮使司統屬，而直接由都指揮使司（即都司）管轄。見張其昀編校，《明史》(臺北市：國防研究院，1963 年)，卷 76，〈志五十二・職官五・各所〉，頁 815。但是，部分福建地方志書，卻認其歸轄於軍衛，例如黃仲昭的《八閩通誌》即是一例，指稱如福寧衛轄有大金和定海守禦千戶所，見黃仲昭，《(弘治）八閩通誌》，卷之 1，〈地理・建置沿革・福寧州〉，頁 32。

[42] 請參見陳倫炯，《海國聞見錄》(南投縣：臺灣省文獻委員會，1996 年)，〈天下沿海形勢錄〉，頁 3。

先是，閩安鎮（即今日閩安，位在福州市馬尾區）。該地，係福城出入海上的交通門戶。史書記載：

> 福州之閩安鎮，綰轂海口番舶商艑，交通群聚，省會之門戶也。故於連江（縣）之定海（守禦千戶）所置小埕（水）寨，隸於南路而鎮東衛、梅花（守禦千戶）所協守於內。[43]

由上知，明帝國為捍衛福城、維護閩安鎮之安全，即在靠近閩江海口處兩側佈署重兵，亦即北岸的定海守禦千戶所，以及南岸的梅花守禦千戶所。另外，在定海所旁處置有水師兵船的基地——「小埕水寨」，用以偵防巡弋福州海上之動態；至於，梅花所的南面岸邊又佈署有鎮東衛，[44]該衛亦是福州府陸岸上首屈一指的海防重鎮，用以增強福城南面的防禦力量。上述的定海、梅花二所，各約有一,五〇〇兵力，鎮東衛則擁軍近五,〇〇〇人之多。[45]

其次是，五虎門。該處，「兩山對峙，勢甚雄險；又有巨石綿亙入海，如五虎蹲踞中流，實閩省門戶也」，[46]且為閩江海

43 杜臻，《粵閩巡視紀略》（臺北市：臺灣商務印書館，1983 年），卷 4，頁 1。

44 鎮東衛，地屬福州府福清縣，清時名「鎮東寨」，今名海口鎮，是明代福建沿岸五個軍衛其中之一，該衛轄有左、右、中、前、後和中左等六個千戶所。

45 請參見駐閩海軍編纂室編，《福建海防史》（廈門市：廈門大學出版社，1990 年），〈福建沿海衛所表〉，頁 54。

46 清初時，郁永河來臺採硫磺，搭船返回福州時，便有如下的記載：「自官塘 [即竿塘]趨定海鎮。……仍行大海中五、六十里。至五虎門，兩山對峙，勢甚雄

口要衝之地，萬曆三十年（1602）時增設水師兵船——「五虎遊兵」於此，[47]用以補強福州城海上之防禦強度。

最後，便是本文主題的竿塘山。該處，位在閩江口外海中，和五虎門一外一內，共扼閩江出海口，同被視為倭盜入犯福州城的要衝之地。例如萬曆二十一年（1593）日本侵犯朝鮮，閩海告警時，閩撫許孚遠曾為因應變局，奏請中央讓平日駐鎮福城的福建總兵，改駐在鎮東衛，其奏文如下：

> （福建）總兵原奉勑書，平時駐劄（福州）省城，汛期移駐福寧州，然自來（福建）總兵汛期俱駐鎮東衛。蓋福寧居省城之東北肆百里而遙密邇臺山、大崳[即崳山]為倭寇入閩之路，而鎮東（衛）居福州之東南貳百里，而近前接竿塘（山）、五虎（門）為倭寇入省之衝，（福建）總兵居重馭輕，固宜駐鎮東（衛）以蔽全省之門戶。……如蒙允議，乞勑（福建）總兵常駐鎮東衛，督練水陸將兵，以重居中彈壓之勢。[48]

福建總兵改駐鎮東衛，其主因乃在於其地理位置上的考量，若和先前汛期所駐的福寧相比，該地因較近竿塘山和五虎門，而

---

險；又有巨石綿亙入海，如五虎蹲踞中流」。見郁永河，《稗海紀遊》（南投縣：臺灣省文獻委員會，1996 年），卷下，頁 41。

47 請參見徐景熹修，《福州府志》，卷 12，〈軍制・明・營寨〉，頁 40。

48 許孚遠，《敬和堂集》（臺北市：國家圖書館善本書室微卷片，明萬曆二十二年序刊本），〈疏卷・議處海防疏〉，頁 7。

「竿塘、五虎為倭寇入省之衝」，實有利於掌握大局，「以蔽全省之門戶」。之後，又因倭警遲遲未能解除，二十五年（1597）時閩撫金學曾又再上疏奏請，若有警時，可將總兵再向北移進駐至竿塘山西面對岸的定海千戶所，[49]以利迅速堵截乘東北風南犯之倭人。不僅如此，嘉靖時，福建巡海道卜大同亦嘗直指，上、下竿塘係福州海上要害地之一，「於此而嚴以守之，斯賊不敢侵軼矣」。[50]另外，有趣的是，亦因竿塘、五虎二地關係福城安危匪淺，對該海域水文、風信及兵船航駛能力嫻熟與否，卻亦成為選拔水師官兵的標準。例如，萬曆（1573-1620）時人董應舉便主張，「禦倭必海，水兵為便。水兵伎倆真偽，只看使船。自五虎門抵定海掠海而過，能行走自如，其技十五；掠竿塘（山）、橫山而目不瞬者，技十八。乘風而直抵東湧之外洋，望雞籠[即今日基隆]、淡水[即今日淡水]島嶼如指諸掌者，惟老漁（民）能之。此選兵法也」。[51]上述的這些例子，都在說明著一件事，竿塘山在防衛福城相關措置中，扮演極具份

49 臺灣銀行經濟研究室編，《明實錄閩海關係史料》（南投縣：臺灣省文獻委員會，1971 年），頁 89。

50 卜大同，《備倭記》（濟南市：齊魯書社，1995 年），卷上，〈險要〉（濟南市：齊魯書社，1995 年），頁 18。卜大同，秀水人，嘉靖三十二年以福建按察司副使擔任巡海道一職，嘉靖三十四年卒於任上。

51 董應舉，《崇相集選錄》（南投縣：臺灣省文獻委員會，1994 年），〈與韓海道議選水將海操〉，頁 26。董應舉，字崇相，福州府閩縣人，萬曆二十六年進士，歷官至工部侍郎兼戶部，著有《崇相集》一書。文中的「韓海道」，即主管福建海防業務「巡海道」一職的韓仲雍。

量的角色！

然而，竿塘山不僅著關係福州城安全防衛而已，吾人亦可發現，它對於福建全省乃至對其所在的連江縣，在海防上，都有不同層面的重要性。第一、是關於福建省的部分。明季，倭人常乘風南犯，經浙江南下侵擾閩海，福建北面沿海便有十數處防倭備禦之要地，竿塘山便是其一。清初時，陳倫炯在〈天下沿海形勢錄〉一文，便詳言道：

> 閩之海，內自沙埕、南鎮、烽火（門）、三沙、斗米、北茭、定海（千戶所）、五虎（門）而至閩安（鎮），外自南關、大崳（山）、小崳（山）、閭山、芙蓉、北竿塘（山）、南竿塘（山）、東永[即東湧]而至白犬，為福寧（州）、福州（府）外護左翼之籓籬；南自長樂（縣）之梅花（千戶所）、鎮東（衛）、萬安（千戶所）為右臂，外自磁澳而至草嶼，中隔石牌洋，外環海壇大島。閩安（鎮）雖為閩省水口咽喉，海壇（山）實為閩省右翼之扼要也。[52]

由上可知，竿塘山係屬保衛福寧州、福州府外圍左面之籓籬，地位亦為重要，而且，明帝國為抗倭計，洪武時便在上述多處地方設立軍衛（如鎮東衛）和「守禦千戶所」（如梅花、萬安），穆宗隆慶（1567-1572）以後更增設水師「遊兵」（如五虎、海

[52] 陳倫炯，《海國聞見錄》，〈天下沿海形勢錄〉，頁3。

壇），以捍衛海疆，請參見「清雍正時福州府沿海圖」（附圖六，引自《海國聞見錄》。）。二，是有關連江縣的部分。東岱（今日連江縣東岱鎮）是連江縣外通大海之咽喉，竿塘山又為東岱入海之門戶（請參見附圖三：明代福州竿塘山沿海示意圖。）。東岱，地處連江縣城下游近河口處，「形如倚鏡，為外洋入（連江）縣要口」，[53]東面隔海正對著竿塘山。亦因如此，倭盜入犯福州時，便嘗以東岱為切入目標，而對岸海中的竿塘山便成其跳板。例如嘉靖四十二年（1563）十一月倭寇入犯，便有「倭舟五艘約賊三百餘徒，從竿塘（山）、定海澳，突至連江（縣）東岱澳，登岸南奔」，[54]即是一好例。而且，據聞在嘉靖倭亂時，明將戚繼光為防禦倭寇，還曾駐兵於上竿塘山。[55]

## 2、竿塘山和福州海防佈署之關係

因為，竿塘山關係福州省城安危甚深，明帝國早在洪武初年時，便在上竿塘島上設立了埠寨，以備禦敵盜，它亦是連江縣境唯一一座的埠寨，[56]但至二十年（1387）時，便因竿塘地處海中，若有事發難以迅援，而移入北面岸上的北茭，後來該

---

53 曹剛等修，《連江縣志》，卷 6，頁 50。

54 劉聿鑫、淩麗華，《戚繼光年譜》（濟南市：山東大學出版社，1999 年），卷之 4，頁 97。

55 傅祖德主編：《中華人民共和國地名詞典：福建省》，頁 428。

56 福州府共有埠寨十座，除連江、長樂、閩縣各一座外，其餘七座在福清縣。請參見喻政，《福州府志》，卷之 21，〈兵防志三・海防・捍寨〉，頁 3。

寨亦遭撤廢；[57]而且，不僅如此，還將竿塘山島民全部強制遷回到內地岸上。目前，筆者尋得有關此最早的文獻是黃仲昭《(弘治)八閩通誌》，書中曾載稱，上、下竿塘「上二山在(連江縣)二十六都，洪武二十年以防倭，故盡徙其民附城以居」。[58]另外，萬曆四十一（1613）刊刻《福州府志》卷之五〈輿地志五・山川下・連江縣〉中，亦載道：

> 上竿塘山，有竹扈、湖尾等六澳。下竿塘山，有白沙、鏡港等七澳。居民皆以漁為業。洪武二十年徙其民於(連江)縣，(竿塘)二山遂廢。[59]

上述兩部明代史籍皆直指，洪武二十年（1368）將上、下竿塘島民強遷入內地，安插在連江縣城一帶生活，此次行動，係明帝國海禁政策中「墟地徙民」的一部分。所謂的「墟地徙民」，便是將原本居住在該地民眾強制遷移到它處，讓該地淨空下來，以便讓官府做有效掌控之意。亦即，透過強迫島民遷入沿海陸岸上，讓倭寇、海盜無法能似往昔般，由島民處獲得訊息、奧援和藏匿逃竄的空間，達到打擊倭盜之目標，而類似竿塘山的措置，幾乎是遍及閩海許多的島嶼，[60]連遠處在大洋中的澎

57 有關此，請參見曹剛等修，《連江縣志》，卷 16，頁 8。

58 黃仲昭，《(弘治) 八閩通誌》，卷之 4，頁 24。

59 喻政，《福州府志》，卷 5，〈輿地志五・山川下・連江縣〉，頁 12。

60 但是，筆者必須強調的是，並非所有閩海島嶼皆被「墟地徙民」，因位置、地點及其它因素的考量，有部分近岸的島嶼並未在「墟地徙民」範圍之內，明

湖亦在規劃之內，其島民同樣地被強制遷回泉州城的郊外，萬曆時人陳學伊〈諭西夷記〉嘗言：「吾泉（州）彭湖[即今日澎湖]之去（泉州）郡城，從水道二日夜程，……聞之，彭湖在宋時編戶甚蕃，以濱海多與寇通，難馭以法，故國朝移其民於（泉州）郡城南關外而虛其地」，即是指此。[61]其實，若以整體觀之，明初沿海「墟地徙民」的實施推動，對斷絕沿海島民私通倭、盜，削弱倭、盜侵擾邊海上確具有正面之功效，然而，私通者畢竟僅是其中一部分而已，但明政府卻不分善惡良窳，無論有否通倭，均強迫其放棄財產家園，全數地遷回到內地，此舉，對沿海所有的島民並不公平。[62]

其實，不只「墟地徙民」僅係海禁政策的一部分，連海禁政策亦是洪武帝東南海防計劃構思中的一個部分。因為，此一構思分成海禁政策的實施，以及海防設施的擘建等兩大主要的內容，[63]它的情況，誠如晚明曹學佺所說：「閩有海防，以禦倭也」，[64]皆是針對防止倭患而設計的。吾人可由明帝國擘建的海

帝國僅另在島上設立千戶所和巡檢司以備禦倭盜，例如金門、廈門二島即是，金門島上便設有金門守禦千戶所，以及官澳、田浦、峯上和陳坑等四個巡檢司。

61 陳學伊，〈諭西夷記〉，收入沈有容輯，《閩海贈言》（南投縣：臺灣省文獻委員會，1994 年），頁 34。

62 有關此，請參見何孟興，《浯嶼水寨：一個明代閩海水師重鎮的觀察（修訂版）》，頁 43-51。

63 有關此，請參見何孟興，《浯嶼水寨：一個明代閩海水師重鎮的觀察（修訂版）》，頁 79。

64 引自懷蔭布，《泉州府誌》（臺南市：登文印刷局，1964 年），卷 25，〈海防·

防設施中，窺見其某些的佈署是極具創意的，[65]而「沿海島民進內陸，衛所寨軍出近海」便是其中之一，此並和竿塘山上述的內容息息相關。因為，明帝國亦意識到，沿海陸岸上的防禦體系（包括軍衛、守禦千戶所、巡檢司……等），不足以完全抵禦由海上進犯的敵人，遂於嘗試在其外側再增建一層海中的防線，亦即在近海島嶼或岸邊處，構築水師的兵船基地——「水寨」。同時，明政府欲透過「墟地徙民」的措置，讓沿海島民由海中回到內陸岸上，而外建水寨的舉動，則使得原先駐防陸岸上的衛、所官軍，因值戍水寨而來到了海上，上述島民和寨軍的一「進」一「出」，讓這些邊海島嶼的「住民」做一次換手，水寨軍兵便取代了漁戶島民，成為該地區的新住民。[66]

前文已提及，洪武二十年（1368）時竿塘島民被強遷回到內地，目的在淨空竿塘山，杜絕潛通倭、盜，以安靖海域。接下來，便是前言中提過的，小埕水寨的水師部隊進入竿塘山等海島，進而控制福州沿岸海域，它的時間，最晚不超過景泰年

---

明・附載〉，頁 10。曹學佺，字能始，福州侯官人，明萬曆二十三進士，官至四川按察使。

65 明帝國對付海上入侵的敵人，它有一定的章法和一套可行的措施，具體表現在兩方面，一是沿海「三層四道」守勢防禦線的建立，透過這幾條由北而南的防禦線的出現，架設層層的關卡來阻撓或遲滯海上進犯的敵人。二是數個極具創意的海防佈置，包括有「海中腹裡」、「箭在弦上」和「島民進內陸、寨軍出近海」等架構，來增添上面守勢防禦線的強度。關於此，請參見何孟興，《浯嶼水寨：一個明代閩海水師重鎮的觀察（修訂版）》，頁 87-97。

66 有關此，請參見何孟興，《浯嶼水寨：一個明代閩海水師重鎮的觀察（修訂版）》，頁 93。

間。[67]至於，抽調自附近軍衛和守禦千戶所的小埕寨軍，則於每年春、冬季節時搭乘兵船出海，執行出汛的任務，以備乘風進犯的倭盜。所謂的「出汛」，即水師的兵船（包括水寨，以及日後增設的遊兵）必須航駛至某些險要之處，亦即所謂的「備禦要地」去泊駐屯戍，再由此至附近洋面遊弋哨巡，以防備可能由此入犯的敵人。竿塘山，便是小埕寨軍兵船出汛時的備禦要地之一，亦因如此，小埕寨軍便替代了竿塘島民，成為竿塘山的新主人。近人曹剛等修《連江縣志》卷十六〈武備〉中，便即載道：

> 水軍：明初為小埕水寨，……遞年春、冬二汛。春為大汛，起三月十五日，訖六月十五日，防東南風；冬為小汛，起九月十五日，訖十一月十五日，防東北風。（福建）巡撫調福州左衛官十一員領旗軍一千三百八十九名，調鎮東衛（之）梅花、萬安二（守禦千戶）所官十七員【梅花所在長樂（縣），萬安所在福清（縣）】領旗軍二千五百四十二名，調福寧衛（之）定海（守禦千戶）所官四員領旗軍四百名，押送赴（小埕）寨，分配各船，匀五哨，貼駕出洋。前哨汛北茭、西洋山，後哨汛（上）竿塘、白犬山，左哨汛（下）竿塘、下目山，右哨汛上、

---

67 小埕水寨創建時間為何？翻閱相關史料，各家說法不一。根據筆者目前的見解是，以景泰年間可能性最大。亦因此，才有上文「小埕寨軍進控制福州海域，最晚不超過景泰年間」的說法。請參見同前註，頁 16-19。

> 下竿塘山，遠哨汛東湧山。（小埕水寨）北與福寧（州）烽火（門水）寨，南與興化（府）南日（水）寨會。[68]

上文指稱，小埕水寨的值戍官軍，主要是抽調自附近的福州左衛，[69]鎮東衛的萬安、梅花守禦千戶所以及福寧衛的定海守禦千戶所，共有兵員總數四,三六三人。其中，每年三月十五至六月十五日共三個月為「大汛」，九月十五到十一月十五日兩個月為「小汛」，此時，小埕寨軍便兵分五路航船至福州外海要地屯戍哨巡。因為，小埕水寨係以保衛福州城為首要任務，其汛防工作便以閩江口附近海域為佈防重點，前哨戍防北茭及其北茭北面不遠處的西洋山，[70]以遏福城海上北面賊衝，因「賊自北來，出則必道東湧，入則必道西洋（山），此皆小埕（水寨）汛地」。[71]後哨戍防上竿塘及其南面的白犬列島，以防由南北犯的倭盜。左哨，則哨巡下竿塘及其北側的下目山，右哨還是以上、下竿塘山做為戍防重點；此外，另再派一支寨軍，遠至竿塘山東面大海中的東湧山戍防，「拒賊於外海」。[72]總之，

---

68 曹剛等修，《連江縣志》，卷 16，頁 8。

69 小埕水寨，和五水寨的情形相似，係由那些衛、所來駐戍？或各水寨戍軍總人數為何？不同的時間，相信多少會有些差異。例如上文的「福州左衛」，黃仲昭《(弘治）八閩通誌》便指稱是「福州右衛」。見該書，卷之 40，〈公署・武職公署〉，頁 19。

70 西洋山，位在福寧州寧德縣海中，因形似蜘蛛，故又名「蜘蛛島」。請參見同註 5，頁 427。

71 董應舉，《崇相集選錄》，〈與熊撫臺書〉，頁 67。

72 其詳文如下：「省城門戶，從閩安鎮南出琅琦門、東出雙龜門，以定海為左臂，

透過小埕寨軍海上汛防竿塘山等地，再配合福州城陸岸上構築的強大武力－－鎮東衛以及定海、梅花二個守禦千戶所合計共八,〇〇〇之兵力，水寨兵船和陸岸衛、所兩者相互結合，用以堅固地捍衛著省城福州的安全。

由上可知，小埕水寨是捍衛福州城的海上重鎮，竿塘山更是小埕水寨兵船汛防的主要重點。因為，明帝國細膩的構思和用心的經營，讓明代前期福建海域的局勢得到有效控制，倭盜的問題明顯地改善。明末時，海盜猖獗兵防不振，閩縣人董應舉在眼見「海為賊有，肆然得以擄人掠船，分粽以自益」之景象時，[73]更令他對兩百年前福州的海防佈署生起欽羨之心，為此而言道：「國初，只設烽火（門）、小埕二（水）寨而海得無事者，（水）寨之兵船多，得以驅使遠汛於外海也。外海有汛，則賊不敢近；而內海得以漁。沿海居民無盜賊之警，亦不待城堡以自固」，[74]上述的話語，或許是明前期福建海防擘造成功的最佳明證。

---

以梅花為右臂，皆牙突海中，國初江夏侯[即周德興]之（千戶所）所城也；而又置寨小埕，與定海（千戶所）犄角。其汛地，乃遠至東湧，拒賊於外海」。見董應舉，《崇相集選錄》，〈浮海紀實〉，頁 56。

73 董應舉，《崇相集選錄》，〈福海寨遊說〉，頁 62。

74 董應舉，《崇相集選錄》，〈福海寨遊說〉，頁 62。

# 結　論

今日馬祖列島的南、北竿二島，長久以來，便以海防軍事要地的印象，為時人所熟悉。明時，稱作「竿塘山」的南、北竿島，自宋代起，便有「上、下干塘」、「上、下竿塘」、「南、北竿塘」、「官塘」、「關潼」和「關童」等各式各樣之稱呼。因為，竿塘山位處福州府閩江口外的海中，係外敵進犯福州省城的要衝之地。其實，竿塘山不僅關係福州城安危甚大之外，它對於福建全省乃至於對岸的連江縣，在海防上皆有不同層面的重要性。福建一地，海岸線綿長，沿海島嶼林立，「自海入閩，……無處不可入」，外敵由海道進犯，係福建邊防最大的挑戰。明初時，湯和便是由浙江海道進襲福城，再佔領福建全省；再加上，福建省會所在地的福城又有「偏殘淺露」之地形缺點。所以，明帝國在一開始建構福城的邊防時便留意此，加強其防禦措致以補其不足，而攸關該城海上邊防安危的竿塘山，自然亦是其構築海防的重點之一。

早在洪武初年，便於上竿塘設立埠寨，以備敵患，但是，到二十年（1387）時，便以「海島難援」為由，[75]將其北移至對岸邊的北茭，而且，更以防備倭盜侵擾為由，將上、下竿塘山島民全數強遷回內地，安插在連江縣城一帶。而此次驚人的行動，係明帝國推動海禁政策中「墟地徙民」的一部分，其中，

---

75　曹剛等修，《連江縣志》，卷 16，頁 8。本文發表於《止善學報》第 7 期時，遺漏此條註釋，今加以補入，特此說明。

海禁政策的實施又和海防設施的擘建，同屬於洪武帝東南海防計劃構思中的一個部分。類似竿塘山「墟地徙民」的行動，在閩海大小島嶼中如火如荼地展開，它係配合海防設施中的擘建水師兵船基地－－水寨的構築在進行著，以實現「沿海島民進內陸，衛所寨軍出近海」的海防目標。因為，明帝國十分重視福州城邊防措施的構築，除先前在福城設置福州左、中、右二衛外，並於閩江下游河口部署鎮東衛以及定海、梅花二守禦千戶所，日後，又在閩江口外北岸設立兵船基地－－小埕水寨。該寨，係以保衛福城海上安危為首要目標，閩江口附近海域為其兵防佈署重點，而且，透過戍寨衛、所官軍所組成的水師，抗拒侵賊於海中，福州海域的竿塘山、下目山、北茭、西洋山、白犬山、東湧山……等地，皆是該寨春、冬二季兵船汛防哨巡的要點，而上述諸地又以竿塘山最為重要。由於，小埕水寨兵船基地的建立，這支福州地區最強大的海上武力，加上，先前福城附近陸岸上所構築的衛、所兵力，藉由水、陸兵力相互的援引配合，讓自然條件頗受「大海」和「地形」制約的福城，在安全上得到較堅固的保障。

清乾隆（1736-1795）年間，徐景熹《福州府志》卷之十三〈海防〉中，嘗言道：「邑之隸郡[即福州府]者十，海之環邑者五，《山海經》所謂『閩在岐海之中』也。海必有防，何也？曰：岐之中又有岐也，岐者一之而海乃定。是故，測星躔，占風信，爰定以天；審島嶼，謹斥候，爰定以地；布信義，刑暴黠，爰定以人。海定而閩無不定矣，而必以都會為之樞」。[76]
吾人由上文中，可得到一個重要的啟發，亦即－－閩在海中，海定而閩無不定；欲定該地，則必以都會為之樞。因為，福建邊防安全以海防為首要之務，海防又以防衛福州省城為主要樞紐，竿塘山便是關係該城安危的要地之一，若欲讓福城能安枕無憂，就必須先做好竿塘山等要地的防務工作，而上文中的「審島嶼，謹斥候，爰定以地」便是指此。

（原始文章刊載於《止善學報》第 7 期，朝陽科技大學通識教育中心，2009 年 12 月，頁 30-49。）

[76] 徐景熹修，《福州府志》，卷 13，〈海防〉，頁 1。文中的「邑」，指福州府轄下的縣份。「岐」字，即分開、分岔之意。

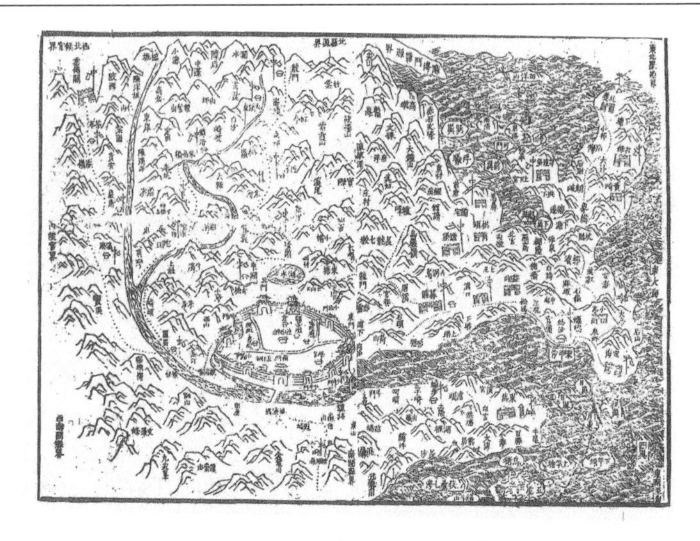

附圖一：清代連江縣圖，引自《福州府志（乾隆十九年刊本）》。

**墩堠製**

附圖二：明代沿海烟墩圖，引自《紀效新書（十四卷本）》。

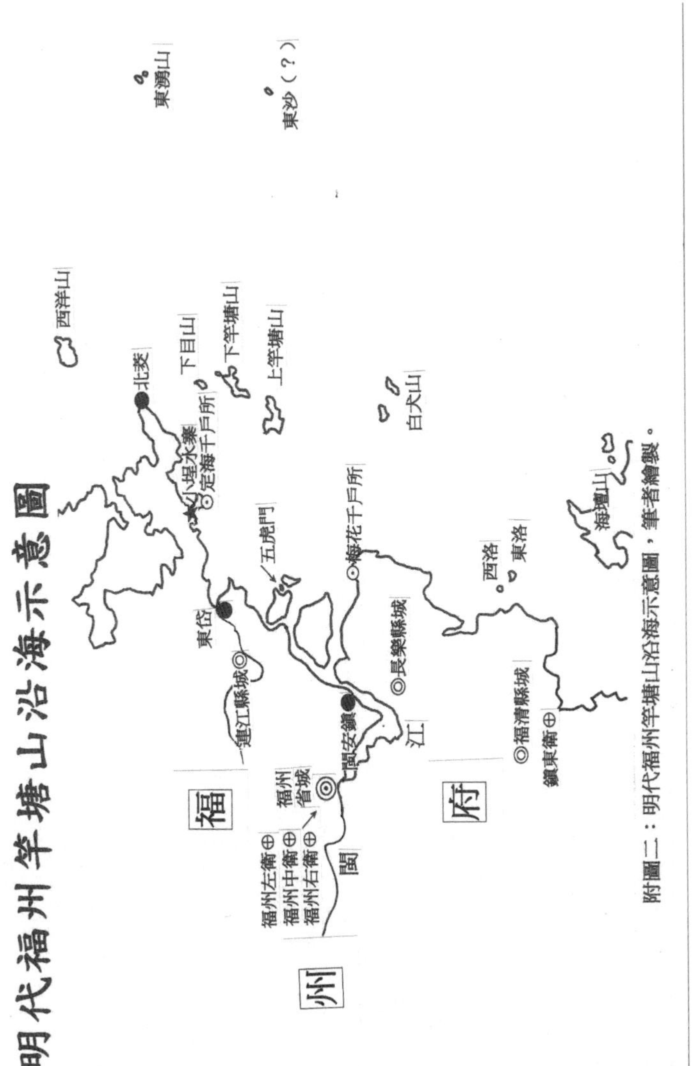

附圖三：明代福州竿塘山沿海示意圖，筆者製。

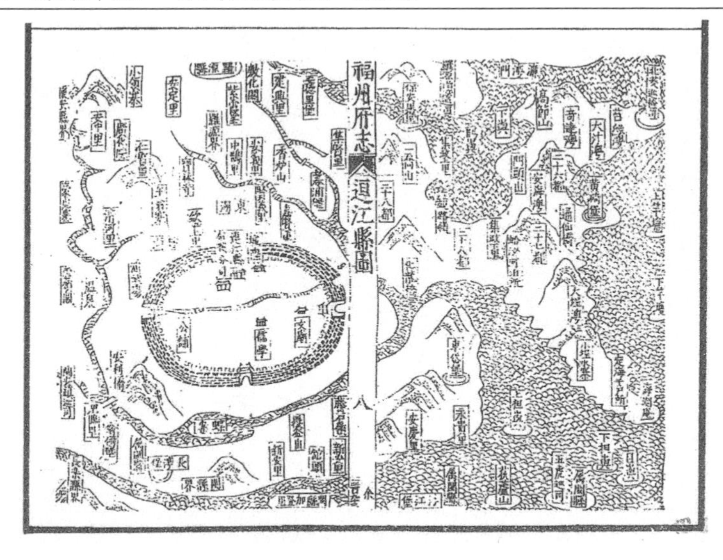


附圖四：明代連江縣圖，引自《福州府志（萬曆癸丑刊本）》。

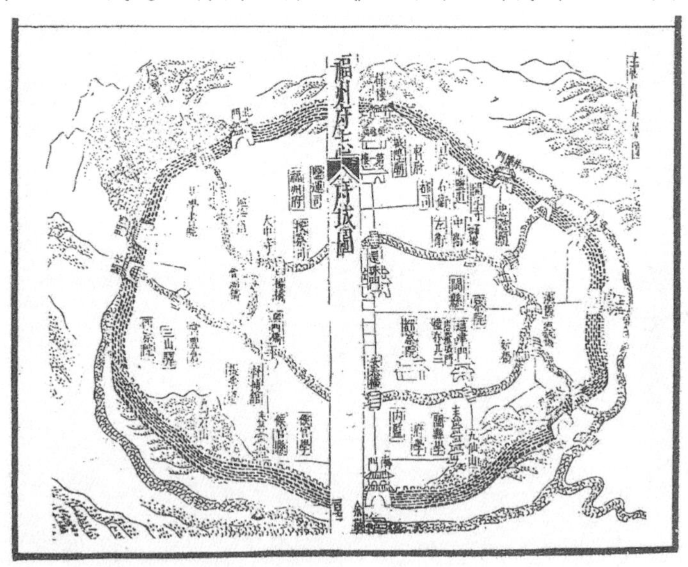


附圖五：明代福州府城圖，引自《福州府志（萬曆癸丑刊本）》

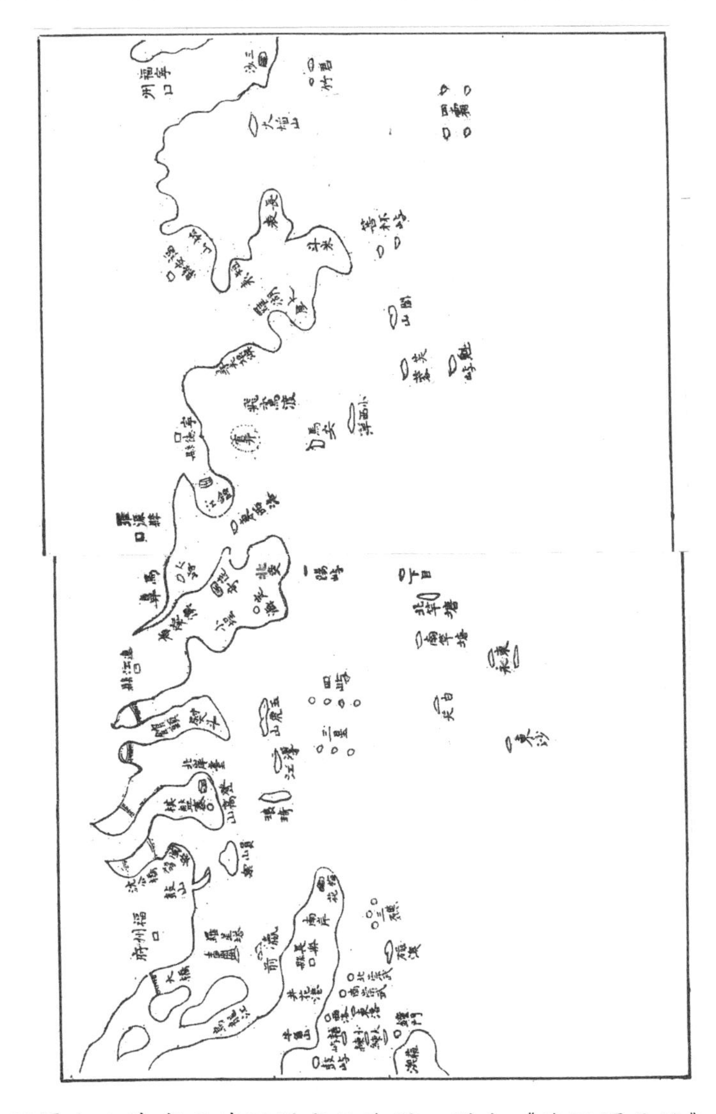

附圖六：清雍正時福州府沿海圖，引自《海國聞見錄》。

# 海門鎖鑰：
# 明代金門海防要地「料羅」之研究
# （1368-1566 年）*

## 一、前　　言

（嘉靖）三十九年三月，倭酋阿士機等自料羅登岸，掠十七都，死者數百人。復有倭艘沿石壁兜登岸，合黨據平林[按：今日瓊林]，掠人民廬舍。四月，攻陽翟，合社與戰，敗，死者百餘人。於是諸鄉自危，奔太武（山）

---

* 本文原始發表於由金門縣政府指導，金門縣文化局、中興大學文學院和臺灣敘事學學會主辦，2008 年 6 月 14 日舉行的「2008 金門學學術研討會：烽火僑鄉·敘事記憶—戰地·島嶼·移民與文化」。會中，評論人陳哲三教授曾提供拙文修訂的意見，實令筆者受益匪淺。為此，筆者特參酌陳教授寶貴的建議，同時，並加入個人近期的研究心得，對拙文進行些許的調整，俾使內容益加地完整。最後，並在此向陳教授敬致謝意。

石穴中。倭擄鄉人為嚮導，搜穴燻鼻，乃相率竄於官澳巡（檢）司城，（時約有）男女萬餘人。漳賊謝萬貫、一貫復率十餘船自浯嶼、月港而來，民益懼，遂於初九夜潰圍出（官澳司城），甫二百餘人，賊縱火屠城，積尸與城埒，城外亦縱橫二里許，婦女相攜投於海者無數。賊四散飽掠，自太武山西北，靡有或遺。[1]

以上的這段文字，是描述約四百五十年前亦即明世宗嘉靖三十九年（1560）時，倭寇登陸金門島料羅後，屠戮島上民眾之慘狀，它出現在清人林焜熿纂修《金門志》卷十六〈舊事志〉「紀兵」一節的內容中。關於此，嘉靖（1522-1566）時人的洪受亦曾為家鄉此次劫難留下了記錄，[2]指道：「歲在庚申[嘉靖三十九年]，……（倭寇）乃於三月二十三日，舟從料羅登岸劫掠。

---

1 林焜熿，《金門志》（南投縣：臺灣省文獻委員會，1993年），卷16，〈舊事志・紀兵〉，頁400。文中「十七都」的「都」，係明代地方行政區劃之名稱，類似於今日的「鄉」或「區」，歸府、縣所轄管。明時，金門島隸屬於泉州府同安縣，而島上之各都係以太武山為標的，十七都在太武之西，十八都在太武之東，十九都在太武之南，見洪受《滄海紀遺》（金門縣：金門縣文獻委員會，1970年），〈本業之紀第六〉，頁54。附帶一提的是，筆者為使文章前後語意更為清晰，方便讀者閱讀的起見，有時會在文中的引用句內「」加入文字，並用符號「( )」加以括圈，例如上文的「(嘉靖）三十九年三月」；其次，上文中出現「[按：今日瓊林]」者，係筆者所加的按語，本文以下的內容中若再出現按語，則省略為「[今日瓊林]」，特此說明。

2 洪受，字鳳鳴，金門西洪人，嘉靖四十四年以歲貢歷國子監助教，後轉夔州通判，卒於官。洪撰有《滄海紀遺》一書，實為金門有方志之始。請參見氏著，《滄海紀遺》，〈弁言〉，頁3。

二十六日，肆掠於西倉、西洪、林兜、湖前諸鄉社，男婦死者數百人。二十八日，劫掠平林諸社，十八都之人民廬舍，所存無幾矣」。之後，海盜謝萬貫又率領倭黨十二船自浯嶼航來，[3]抵達金門東北角之官澳（附圖一：金門官澳一帶景觀。），[4]與先前之倭寇合流，縱橫劫掠。此時，逃難至官澳巡檢司城內躲藏的民眾約有萬餘人，倭盜遂於四月九日夜襲攻該司城，「火光燄天，人無所蔽，屠戮之慘，自夜達旦，但聞刀斧挺擊之聲。其童穉之不屑假手者，畢舉而投之烈焰；其潛出者，亦震驚而而溺海。城中屍積，城外屍橫，不堪容足。婦女浮於海者，以腳纏而三五相繫連，亦以明其不辱之志矣」。[5]

---

3 浯嶼，位在九龍江的河、海交會口處，與大、二擔島隔水相望，亦即今日金門的西南方，是漳、泉二地交界的海中小島，地雖近漳州府海澄縣，明時卻歸泉州府同安縣管轄，係廈門、同安、海澄和龍溪的海上門戶，戰略地位十分地重要，故，明初以來便是泉州水師兵船基地——浯嶼水寨的所在地，後因該水寨遷往廈門而淪為倭盜盤據之巢窟。其變遷詳細之經過，請參見何孟興，〈明嘉靖年間閩海賊巢浯嶼島〉，《興大人文學報》，第 32 期（2002 年 6 月），頁 785-814。另外，必須補充說明的是，本處文句前一段引文——「歲在庚申[嘉慶三十九年]，……所存無幾矣」，係引自洪受，《滄海紀遺》，〈災變之紀第八〉，頁 57-58。因本文發表於 2008 金門學學術研討會時，遺漏此條註釋，今加以補入，特此誌之。

4 官澳，位在金門東北海邊，明洪武二十年置巡檢司於此，今屬金門縣金沙鎮，該地背負太武山、面向海灣，右有連接至馬山的半島環傍，左有枋港漁港，是昔日金門通往南安石井、晉江安海等地的重要渡口。請參見〈金門尋獅記：官澳・讓人害羞的風獅爺・官澳風獅爺〉，http://blog.yam.com./wind-lion/article/6511550。

5 洪受，《滄海紀遺》，〈災變之紀第八〉，頁 58。

回顧上述金門庚申倭禍之歷史，今日讀來猶感怵目驚心，吾人或許會問為何會發生如此之慘劇？筆者以為，此與洪受的故鄉——西洪南面不遠處的料羅失守，有著很大的關聯。[6]料羅，今屬金門縣金湖鎮，位在金門本島東南海角凸出處（參見附圖二：筆者攝於料羅媽祖廟前。），面向無際的大海，自宋以來便是我國東南海防之要地，明時外寇便曾多次由此上岸，[7]肆虐荼毒金門，進而染指漳、泉沿岸地區。明時，金門隸屬於福建泉州府同安縣，「泉州（府）屬縣五，晉（江）、惠（安）、同（安）皆濱海，而控制澎臺、阻扼閩粵、為環海之屏衛，則同安尤要矣」。[8]清高宗乾隆三十二年（1767）刊刻《同安縣志》序論中，更是直指「同（安）為海疆重地，金、廈門戶全省所關」。[9]此外，書中並曾對同安、金門和料羅的海防地理形勢作

6 洪受故鄉之西洪村，今似已不存在，其地約在金門東部太武山南麓近太湖東北側一帶，亦即今日金湖鎮安民村附近，該處現遺有洪受之故居「慰廬」，供後人憑弔。

7 茲舉明熹宗天啟一朝為例，三年時荷蘭人登陸料羅，浯銅遊兵把總丁贊率軍拒之，卻陣亡於此役。之後，五、六年冬春間，海盜船隻停泊料羅、陳坑之間，月無虛日，或入村焚舍，或登岸取水，或燒沉兵、民船隻，雖未曾大肆剽掠，但島上居民因驚嚇逃匿山間，漁舟亦避走而廢業。

8 林學增等修，吳錫璜纂，《同安縣志》（臺北市：成文出版社，1989年）卷42，〈舊志序・乾隆丁亥（志）序〉，頁17。泉州府除瀕海的同安、晉江、惠安外，尚有南安、安溪二縣，南安在晉江的內側，地處內陸的安溪則在南安之內側。另外，穆宗隆慶年間，晉江人時任刑部尚書的黃光昇即認為，同安才是泉州府的海防「前線」，瀕海的晉江、惠安二地僅是海中「腹裏」而已！請見同前書，卷42，〈舊志序・隆慶戊辰（志）序〉，頁14。

9 林學增等修，吳錫璜纂，《同安縣志》，卷42，〈舊志序・（乾隆丁亥志）又序〉，

一扼要的闡述，指出：

> 同域[即同安]在泉、漳之衝，三面羅山，皆立鐵千尋，屏藩天造。東南一島[即金門]，扃鑰海門，為（泉、漳）兩郡之巨鎮，控制澎、臺，阻阨閩、粵。……官澳以內之港道沿邊【安邊船港】，料羅以東之水天無際【洋船候風在於此】，收浯島[即金門，又稱浯州]之幅員也。[10]

上文述及，同安縣位在泉、漳二府衝要之處，地理位置重要。金門島，則是控制澎臺、阻阨閩粵之海防要地，更是啟閉泉、漳海上往來之扃鑰。至於，位處該島東南角、面向大海的料羅，不僅是船舶放洋出航的候風處，亦常是外寇入犯泉、漳的最初登陸處。故稱位處在金門面海最前端，「收浯島之幅員」，洋船候風於此的料羅，係泉、漳海門之鎖鑰，實是不為過，此亦是本文題目〈海門鎖鑰：明代金門海防要地「料羅」之研究〉的由來。因為，本文係針對明代前期料羅海防做為研究之題目，時間起自太祖洪武（1368-1398）建國而迄於嘉靖，探討的主要問題有三：首先，是從「海洋和福建邊防安危之關係」、「金、廈對泉、漳海防之影響」和「料羅在金門海防扮演之角色」等三個議題，對南宋以來泉、漳沿海兵船駐防要地的料羅做一說明。其次是，從明代泉州海圖、地理特點和自然條件等不同的

---

頁 18。

10 林焜熿，《金門志》，卷 2，〈分域略・形勢〉，頁 7-8。而上引文中括號【】內文字係原書之按語，下文若再出現，意同，特此說明。

面向去探討料羅一地的特殊性，並論述料羅在泉州海防戰略地位上有何之重要性。最末，則是探究料羅失守和前述金門庚申倭禍之間的關係，包括肇此禍事遠、近成因的觀察，以及禍後議遷浯嶼水寨至料羅經過的說明。[11]上文的浯嶼水寨，係明政府在泉州地區最重要的水師兵船基地，料羅是其兵船重要汛防之地。最後，筆者因撰寫本文過程至為匆促，內容若有乖謬不足之處，更期望與會之專家學者以及金門鄉親前輩，不吝指正批評之。

## 二、泉、漳兵船駐防要地之料羅

### 1、海洋和福建邊防安危之關係

在論述明代泉、漳海門鎖鑰－－料羅的海防戰略地位之前，有必要先對南宋以來泉、漳沿海兵船駐防要地的料羅做一說明，而本節的內容主要是透過「海洋和福建邊防安危之關係」、「金、廈二島對泉、漳沿海邊防的影響」以及「料羅在金門海防上所扮演的角色」這三個彼此相互關聯的議題，來對此

[11] 浯嶼水寨，約於明初洪武二十年左右，由江夏侯周德興創建水寨於浯嶼。水寨，係明帝國為對抗倭寇侵擾而於島嶼岸澳所興建的水師兵船基地，類似於浯嶼水寨，在福建邊海總共有五座之多，由北而南依序為烽火門、小埕、南日、浯嶼和銅山水寨，史書合稱為「五寨」或「五水寨」。至於，上述各寨構築完成的時間，最晚當不超過代宗景泰年間。請參見何孟興，《浯嶼水寨：一個明代閩海水師重鎮的觀察（修訂版）》（臺北市：蘭臺出版社，2006年），頁17。

一問題做較深入的探索。首先，海洋和福建邊防安危之關係。清德宗光緒（1875-1908）時，鐫印《防守江海要略》卷下〈閩海〉一節卷首開宗明義，便言：「海在福建，為至切之患」。[12]福建海岸線綿長，沿海島嶼林立，從海道駛船進入該地甚為便捷，再加上，海上風帆又瞬息千里，外寇倭盜倏至，水師兵船猝難及防，此景況非陸上作戰所能相比。清人藍鼎元曾指出：

> 宇內東南諸省，皆濱海形勢之雄，以閩為最。上撐江浙，下控百粵，西距萬山，東拊諸彝[通「夷」字]，固中原一大屏翰。……自海入閩，則上起烽火門，下訖南澳，中間閩安、海壇、金門、廈門、銅山，無處不可入也。[13]

亦因「自海入閩，……無處不可入」，故外敵由海道進犯，一直是福建邊防安危之最大挑戰。文中提及的金門和廈門，亦是外寇入犯之要地，而類似此如「同邑[即同安縣]為海疆要區，奸匪最易出沒者莫如金、廈兩島」的說法，[14]亦屢見於史傳。

---

[12] 天龍長城文化藝術公司編，《海疆史志第 23 冊・防守江海要略》（北京市：全國圖書館文獻縮微複製中心，2005 年），卷下，〈閩海〉，頁 117。

[13] 藍鼎元，《鹿洲全集・鹿洲初集》（廈門市：廈門大學出版社，1995 年），卷 12，〈福建全省總圖說〉，頁 238。烽火門島，地處福寧州三沙堡東面的海中。南澳島則位在閩、粵交界處，閩安鎮係福州省城出入門戶，海壇島為福州海中大島，銅山島則在漳州，以上諸地皆為海防要地。其中，明時，曾在烽火門、廈門和銅山設立水寨，南澳、海壇二處則設有遊兵，以捍衛海防。

[14] 林學增等修，吳錫璜纂，《同安縣志》，卷 42，〈舊志小引・嘉慶志小引〉，頁 10。

### 2、金、廈對泉、漳海防之影響

其次是，金、廈二島對泉、漳沿海的邊防，究竟有何影響？金、廈二地位處泉州府西南邊海，明時隸屬同安縣，二島毗鄰並立，前言中曾語及同安縣位在泉、漳二府衝要之處，地理位置重要。清人莊光前〈同邑海防論〉一文中，便曾對同安和金、廈二島的地理形勢作深刻之觀察（參見附圖三：明代福建漳泉沿海示意圖。），指出：

> 同[即同安]為海濱之區，其形勢居要衝者有二：由內港石潯而南為嘉禾嶼，今所謂廈門是也；稍東為浯洲嶼，今所謂金門是也。其間列嶼碁布星羅，沿流而東，則大、小擔二嶼。大擔而外，則為浯嶼，據海疆扼要；北連二浙、南按百粵，東望澎湖、臺灣，外通九夷八蠻。風潮之所出入、商船之所往來，非重兵以鎮之不可。大抵金（門）、廈（門）兩島，為同邑[即同安縣]之襟喉[喻指要害]；而大小擔[即今日大、二膽島]（嶼）、浯嶼，又（金、廈）兩島之襟喉也。[15]

---

15 周凱，《廈門志》（南投縣：臺灣省文獻委員會，1993 年），卷 9，〈藝文略・論〉，頁 291。文中的「同」是同安之別名，同安又稱「銀同」，「銀城」則是同安縣城之別名。其次，浯嶼位在九龍江的河、海交會口處，是漳、泉二地交界的海中小島，地近漳州府海澄縣卻歸泉州府同安縣管轄，係廈門、同安、海澄和龍溪的海上門戶，戰略地位重要，明初洪武二十年左右創建水寨於此，史稱「浯嶼水寨」。另外，大、小擔嶼又稱「擔嶼」，即今日大、二膽島，地處九龍江口外，位在烈嶼東南方、廈門南方，與西南面的浯嶼遙遙相對，戰略地位十分地重要；

文中的金、廈為同安之襟喉，大小擔、浯嶼又為金、廈之襟喉，直言金、廈二島位居濱海的同安之衝要地，而地處泉、漳交界九龍江口外的大、小擔島和浯嶼又為金、廈二島之要害。而必須提的是，一般人習將金、廈二島並列合稱，以相同角度來看待這兩座相鄰的島嶼，諸如「古稱『金（門）、廈（門）兩島，足抗天下全師』者，以其險要，故也」；[16]「同安三面距海，金（門）、廈（門）尤為險要，門戶之防也」……等，[17]但此二島在海防戰略地位上卻有所差異，若以形勢險要而論，金門比廈門尤關重要。清人章倬標即指道：「金（門）、廈（門）兩島為泉（州）、漳（州）屏障，金（門）尤為廈（門）咽喉；（金門）踞上流，足控制臺（灣）、澎（湖），而與海壇、銅山、南澳各水師互相犄角。曩者倭寇及鄭氏[即鄭成功父子]均先由此地闌入，閩中諸郡遂罹烽燹。是金（門）島雖丸泥片壤，而海門鎖鑰，要地攸關」。[18]不僅如此，民國初年時，〈金門改設縣治原案〉一文中，亦載稱：

> 金門島孤峙中流，論形勢者多以金（門）、廈（門）並論，其實，金門為南洋出入孔道，與臺（灣）、澎（湖）僅帶

烈嶼，俗名「小金門」，地在金門之西方、廈門東南方，戰略地位亦重要。

16 左樹夔修、劉敬纂，《金門縣志》（北京市、廈門市：九州、廈門大學出版社，2004 年），卷 1，〈方域・沿革・附錄・金門改設縣治原案〉，頁 34。

17 周凱，《廈門志》，卷 2，〈分域略・形勢〉，頁 17。

18 林焜熿，《金門志》，序言，〈章（倬標）序〉，序頁 5。章倬標，浙江金華人，賜進士出身，於清穆宗同治十三年為《金門志》作本序文，時任泉州府知府一職。

> 水之隔，且港澳寬大可容巨艘，而烈嶼、金龜尾各要口尤為險要。前清咸豐三年小刀會陷廈門，勢頗猖獗，卒扼於金門，未能得逞。同（治）、光（緒）以後，將原設金門水師副將一缺裁撤而內島空虛，養成盜藪，至今南安之擲湧、蓮河及同安之馬巷盜賊出沒，適受其害。是以形勢險要論，金門比之廈門尤關重要。[19]

上文舉廈門失陷時，扼賊金門則轉危而安，以及金門維繫其面向內陸之對岸地區（如南安之擲湧、蓮河及同安之馬巷等地）的邊防安全，來凸顯金門兵防之重要性。不僅如此，吾人若稍加留意，便會發現金門之兵防要點係「在海，不在陸」。民國十年（1921），福州閩縣人劉敬在其纂輯〈金門縣志凡例〉中，便指出：

> 金門合群島為一縣，四面環海，險要實據海疆東南之勝，不僅為泉漳屏障、廈門咽喉也，全邑兵防實在海不在陸。《舊志》[即林焜熿纂修之《金門志》]於「兵防」一門

---

19 左樹夔修、劉敬纂，《金門縣志》，卷 1，〈方域・沿革・附錄・金門改設縣治原案〉，頁 28。文中的金龜尾的「金龜」，位在金門島西端之水頭一帶，金龜又名「矛山」，上有「矛山塔」，相傳為明洪武二十年江夏侯周德興所建，於民國五十年因軍事之因素而遭拆除，參見許維民，《海山行客：金門國家公園八十六年度人文史蹟調查研究》（金門縣：內政部營建署金門國家公園管理處，1998 年），頁 45-46。

> 言之特詳，甚為有見。今不稱武備志，改稱海防志，所以示金門形勢獨殊於他縣也。[20]

文中指稱金門地理形勢特殊，係泉、漳之屏障，廈門之咽喉，而海防更是金門兵防重點之所在，遂將新修纂《金門縣志》卷十一取名為「海防志」，而不沿用先前《金門志》中「兵防志」之說。

### 3、料羅在金門海防扮演之角色

最末，要探討的主題是，料羅在金門海防上所扮演的角色。金門一地，確實關係泉、漳地方安危甚大，尤其是海防的部分；而金門之海防安危，又和料羅一地有著密不可分之關聯。清宣宗道光（1821-1850）時，林焜熿所纂修《金門志》卷五〈兵防志〉前言中，對金門的海防情勢清楚地勾勒出它的輪廓，指道：

> 金門一島屹立外洋，與廈門、鎦五店桴鼓相應、聲勢聯絡，為漳（州）、泉（州）二府海口要地。（金門）東接臺（灣）、澎（湖），呼吸可通，其有係於東南沿海大局，正匪淺矣。前人相度要害，特於料羅重集兵船，以資防守。國初當事諸公，幾經籌劃，以為後浦[即今日金城鎮]地勢包藏、港道深穩，可以進戰退守，並設三營，而以

[20] 左樹虁修、劉敬纂，《金門縣志》，〈金門縣志凡例〉，頁 8。附帶一提，「兵防志」係清人林焜熿所纂修《金門志》中的第五卷，特此說明。

> 總兵蒞之，與遊（擊）、守（備）分哨梭巡，俾顧外洋全局。[21]

由上文知，金門島屹立外洋、是漳、泉二府海口要地，文中除末段順便提及清政府設金門總兵駐守後浦之外（參見附圖四：今日金城鎮古蹟「金門總兵衙署」。），特別言及「前人相度要害，特於料羅重集兵船，以資防守」一事，且除料羅之外，便未述及金門其他之海防地點，由此可推知，「料羅」和「兵船」此二者在金門海防中是扮演何等重要之角色。確實，早在南宋時，料羅一帶海盜活動即已頻繁，料羅便是當時泉州沿海兵船重要之駐防地（參見附圖五：今日料羅岸邊的漁舟。），例如泉州知州真德秀便曾經略兵船於此，史載：

> 宋紹定間，海寇披猖。知府真德秀巡海濱、屯要害，遣將擊賊於料羅。賊遁去，德秀遂經略料羅戰船。[22]

南宋理宗紹定（1228-1233）年間，因先前「賊船侵軼（泉州）郡境，（官府）倉猝和雇民船應副[誤字，應「付」]大軍之用，故料羅之戰雖有勇將精卒，竟以船小不能成全功，及晉江、同安民船稍集而賊徒亟遁，事已無及」；[23]為此，真德秀命令「將

---

[21] 林焜熿，《金門志》，卷 5，〈兵防志〉，頁 77。文中的「鎦五店」一作劉五店，地在同安縣東南海濱，係交通往來要道。

[22] 林焜熿，《金門志》，卷 16，〈舊事志・紀兵〉，頁 399。

[23] 真德秀，《西山先生真文忠公文集》（臺北市：臺灣商務印書館，1975 年），卷 15，〈對越乙藁・奏申・申樞密院乞修沿海軍政〉，頁 252。文中的「雖有勇將精

應管水軍及巡捕官司船隻須管逐一點視，損漏即修補，（兵船）實以甲士，各持器杖乘風駕使，閱習事藝，以備緩急驅用」。[24]

其實，早自明初洪武年間，明政府便以料羅是外寇經常由此登陸、入犯內地的戰略要地，而命令泉州最重要水師基地——浯嶼水寨所屬之兵船先行結聚成艦隊後，於每年春、冬二汛時節駛至料羅泊駐屯戍，之後，再由料羅出航至附近洋面遊弋哨巡，以防備可能從此乘風入寇的敵盜。因為，明代福建海防兵力部署主要是依風勢吹向來規劃的，亦即將一年的汛防勤務分為春、冬汛期和非汛時月兩個時段來進行的，吹東北風的春、冬二汛合計約有五個月，是倭人乘風南犯較為頻繁的時間，其餘的非汛時月則有七個月。春、冬汛期時，沿海的水寨兵船必須出汛，以備敵犯；非汛時月，則指汛期結束後，兵船返航基地團泊寨澳，僅於要地派兵船哨守而已。[25]而類似料羅的備禦

---

卒，兵船過小難成全功」，係指此次料羅海戰中，南宋將領貝旺以兵船一艘八十餘卒對抗海盜的八艘船共五百餘人，而且，「賊船高大如山，旺船不及其半而能手挽強弓，倡率諸卒，飛箭如雨，射殺賊兩船幾淨盡」。關於此，請參見同前書，卷 15，〈對越乙藁・奏申・申左翼軍正將貝旺乞推賞〉，頁 251。

24 真德秀，《西山先生真文忠公文集》，卷 15，〈對越乙藁・奏申・申樞密院乞修沿海軍政〉，頁 253。

25 請參見何孟興，《浯嶼水寨：一個明代閩海水師重鎮的觀察（修訂版）》，頁 119。至於，春、冬二汛的時間，不同的地區似略有差異，以泉州的水師為例，「凡汛，春以清明前十日出，三個月收；冬以霜降前十日出，二個月收」。見懷蔭布，《泉州府誌》（臺南市：登文印刷局，1964 年），卷 24，〈軍制・水寨軍兵・水寨戰船〉，頁 35。特別說明的是，因冬汛係霜降前十日出發，而霜降是農曆九月中期節氣，係屬深秋，故冬汛又稱「秋汛」。例如明人蔡獻臣在〈浯洲建料羅城及二銃城議（丙寅）〉一文，便曾載道：「設汛以來，歲勤郡營戍守，汛軍乃歸，承

要地，在浯嶼水寨（以下簡稱「浯寨」）汛防的泉州沿海共有兩處，即使至神宗萬曆（1753-1620）晚期時亦不過四處而已，且綜觀整個明代，此浯寨備禦要地的地點雖經多次更動，卻僅有料羅一處從未被更替。因為，出汛之浯寨兵船分為二大䑸，[26]出航前去屯駐備禦要地，但不同階段屯駐的哨防地點卻有所差異，明代中前期是在料羅和井尾（地在漳州府漳浦縣），至嘉靖四十二年（1563）倭亂平定後改為料羅和湄洲（地在興化府莆田縣），而至萬曆二十五年（1597）又改為料羅和崇武（地在泉州府惠安縣），但是，萬曆四十年（1612）前後卻改分浯寨兵船為四小䑸，去分別屯駐此時增改的料羅、崇武、圍頭（地在泉州府晉江縣）和永寧（地在泉州府晉江縣）等四處，[27]料羅是浯寨唯一未曾被更動過的備禦要地，其海防戰略之重要性可見一斑。

吾人若歸納上述之內容，可以獲致一個結論，亦即海洋攸關福建之安危，金、廈二島是漳、泉二府海上重要的門戶，金門在形勢上卻又比廈門來得重要，而金門海防首要之地在料羅，且自南宋以迄明代，料羅一直是金門最重要的兵船駐防之

平久而戍撤，僅僅浯銅遊（兵）春、秋汛及之，然亦寄空名耳」。見氏著，《清白堂稿》（金門縣：金門縣政府，1999 年），卷 3，頁 136。

26 「䑸」即船隻成群結隊之意，在此係指水師兵船編結成艦隊，以執行哨巡、戰鬥等任務。

27 以上的內容，請參見何孟興，《浯嶼水寨：一個明代閩海水師重鎮的觀察（修訂版）》，頁 253－257。

地，同時亦是明代泉州海域兵船春、冬汛期防寇入犯重要的海防據點之一。

## 三、料羅海防戰略地位之重要性

### 1、「料羅澳，此至要地」

料羅是泉、漳沿海重要的兵船駐防地，至於，料羅在戰略上有何重要性？吾人若翻開明萬曆二十年（1592）鄧鐘所重輯《籌海重編》卷一〈萬里海圖・福建二・卷十七〉的泉州沿岸海圖中，便可發現一處重要且有趣的記載，亦即在金門島之旁側註解有一小行字（參見附圖六：《籌海重編》「萬里海圖」中的金門料羅；附圖七：《籌海重編》料羅附近海圖之放大版。），曰：

料羅澳，此至要地。[28]

若再細查圖中泉州沿海各地衛、所、水寨、巡司、煙墩之標註，亦唯有料羅一地有「至要地」之特別註記而已。[29]類似此，同

[28] 鄭若曾，《籌海重編》（永康市：莊嚴文化事業有限公司，1997 年），卷之 1，〈萬里海圖・福建三〉，頁 18。

[29] 至於，圖中有標註「要地」者，在泉州沿海亦僅有福全和崇武守禦千戶所二處而已。福全千戶所，位在晉江縣東南十五都，三面跨海，西面陸附，係要衝之地。崇武千戶所，位在惠安縣東二十七都，地處惠安縣之極東處，係泉州之上游要害處。以上的福、崇二千戶所皆由江夏侯周德興創建，時間在明洪武二十

樣亦出現在萬曆二十三年（1595）謝杰《虔臺倭纂》的福建泉州海圖之中（參見附圖八：《虔臺倭纂》「萬里海圖」中的金門料羅。），它亦特地標出「料羅澳，此至要地」之警語，[30]且僅此一處而已。由上「料羅澳，此至要地」獨一無二的特別標註，便可說明料羅在泉州海防戰略上是何等的重要！

### 2、地理和自然條件特殊之料羅

料羅是泉州沿海邊防之至要地，明時地圖上為何有此註記？此乃因料羅擁有金門面海的極東南處之地理特點，以及來往船隻取汲、避風方便之自然條件，這兩者有著絕對的關係。首先是，料羅的地理特點。料羅，位在金門面海的極東南處，東面水天無際，洋船候風在於此，收金門之幅員於此。清人懷蔭布總裁、章倬標補刊的《泉州府誌》卷二十五〈海防・防守要衝・同安縣・料羅〉中，便曾載道：

> 料羅，在金門鎮城[即後浦，今日金城鎮]東大海中。《閩書》：「料羅，處金門的極東地，船隻往來必經之所，為泉（州）門戶」。[31]

上文中引述明人何喬遠《閩書》的說法，稱料羅位處金門極東

年，但明人何喬遠《閩書》卻作洪武二十一年，特此說明。

[30] 謝杰，《虔臺倭纂》（北京市：書目文獻出版社，1993 年），圖卷，〈萬里海圖〉，頁 7。

[31] 懷蔭布，《泉州府誌》，卷 25，〈海防・同安縣・料羅〉，頁 24。

地，是泉州海上的門戶，而該書原文的說明較為詳細且準確，指道：「峯上巡檢司，（設）巡檢一員；（峯上巡檢）司居浯洲最東，其澳曰料羅，同海外大嶝、小嶝、古浪[即鼓浪嶼]、烈嶼諸島相望，而浯洲[即金門]、嘉禾[即廈門]為壯，衛以峯上、官澳、烈嶼、白礁四巡（檢）司，高浦、金門、中左三（守禦千戶）所，可為犄角。而料羅則泉（州）門戶，宜急守」。[32]由上知，位處金門東方的峯上巡檢司，它的要害處依然是其東南面不遠處的料羅，且以料羅做為其東入大海的門戶。峯上，地在金門東南岸邊，今屬金湖鎮蓮庵里，洪武二十年（1387）時置巡檢司於此，該地和位居東北角的官澳巡檢司彼此互依共存亡，史稱：「峯上民勇戰鬭，置精兵其處，倭來必不越而攻官澳；然非官澳，則峯上守亦孤，唇齒輔車也」。[33]

其次是，料羅的自然條件。料羅，除地理位置特殊之外，其自然條件亦十分良好，來往的船隻不僅可在此取汲補給，並有灣澳可躲避風颶（參見附圖九：今日料羅澳附近坡上媽祖塑像。），類似如「料羅有澳可避風，為洋船往來之逆旅」；[34]「凡

---

32 何喬遠，《閩書》（福州市：福建人民出版社，1994 年），卷之 40，〈扞圉志・各府巡檢司附・泉州府〉，頁 992。上文中的白礁、高浦二地，則皆位處同安縣西南方。「烈嶼巡檢司，巡檢一員。司於浯州為外嶼，絕海上，城據險乘高，與金門隔潮並峙。海上有警，則烈嶼先受其鋒，船兵汛守焉。白礁巡檢司，巡檢一員；司地錯入龍溪，負山面海，陸則咫尺孔道，水則瞬息海澄。民貧標悍，賊故不犯，而沈命之徒時出沒」。見同前書。

33 何喬遠，《閩書》，卷之 40，〈扞圉志・各府巡檢司附・泉州府〉，頁 992。

34 林焜熿，《金門志》，卷 4，〈規制志・城寨〉，頁 50。

夷、賊之由泉（州）而南、由漳（州）而北者，必取水而維舟焉。其澳最平深，於北風尤穩，於登岸尤便者曰『料羅』。」……等，[35]亦屢見於史載，而清人杜臻的《粵閩巡視紀略》亦指，北風時日料羅可泊船百餘艘，是東渡澎湖、臺灣的出航地，其文如下：

> 料羅一岐，橫出於峯上之外，沙線重護，可泊北風船百餘，凡往彭湖[即澎湖]、東番[即今日臺灣]者，每中途遇南風輒就此收泊，候北風而後行，計程七更至彭湖，十更即至東番矣。萬歷[誤字，應「曆」]丙辰[即四十四年]倭船嘗至，紅夷[即荷蘭人]亦數來。天啟壬戌[即二年]添設陸兵一營，與水哨協守。峯上之民勇而善戰，官兵倚為禦寇，常與大嶝（島）、小嶝（島）、鼓浪（嶼）、烈嶼諸戍聯絡相應焉。[36]

而上文中的「萬曆四十四年倭船嘗至」，係指該年秋天倭人襲攻料羅，殺害汛兵奪船而去一事。[37]在此，值得注意的是，因料

---

35 蔡獻臣，《清白堂稿》，卷 3，〈浯洲建料羅城及二銃城議（丙寅）〉，頁 136。蔡獻臣，金門平林人，字體國，萬曆十七年進士，授刑部主事，官至南京太常卿，後為宦官魏忠賢所劾，削籍歸里。

36 杜臻，《粵閩巡視紀略》（臺北市：臺灣商務印書館，1983 年），卷 4，頁 44。文中的「更」，係指海上舟船航程的計算單位，「舟人渡洋，不辨里程，一日、夜以十更為率」。請參見臺灣銀行經濟研究室，《清一統志臺灣府》（南投縣：臺灣省文獻委員會，1993 年），頁 17。

37 萬曆四十四年秋天，倭人進襲料羅殺兵奪船；同年冬天，倭又北上登岸福寧，

羅的地理、自然條件皆佳，不僅是船舶往來的要地，同時，卻成為倭、盜入犯內地的登陸跳板，不僅倭人由此上岸劫掠，連東來的荷蘭人亦多次登陸料羅，還造成明軍官兵的傷亡。例如天啟三年（1623）冬天，荷蘭人襲擾料羅，浯銅遊兵出汛拒戰，把總丁贊於此役陣亡。[38]

### 3、料羅海防戰略地位三大特點

前文曾言及，何喬遠認為，「料羅則泉（州）門戶，宜急守」，亦即料羅是泉州海上門戶，必須緊切地把守。確實，料羅擁有金門面海的極東南處之地理特點，以及來往船隻取汲、避風方便之自然條件，是泉州出入大海的門戶，同時，亦成為倭夷寇盜入犯內地的跳板。其實，吾人若從明代福建海防的角度來觀察料羅，便可發現，它在海防戰略地位上有以下的三個特點：

首先，料羅不僅是泉州船舶出入的海上門戶，更是明政府泉、漳禦敵入犯的海防重地，亦是明政府東進大海的前哨基地。吾人若從地理位置的角度細加地觀察，可發現到，料羅的地理位置確有特殊之處。因為，泉、漳海岸線東北、西南之走向如

入陷大金千戶所城，燬其堡城而去。根據研究，此次倭人襲擾料羅、大金之事件，係奉日本肥前州大名村山等安之命，南下尋找其子村山次安行蹤的桃煙門所為，因次安先前曾率船隊南下，謀進犯雞籠、淡水等地，卻未順利返回日本。請參見鄭樑生，〈明萬曆四十五年東湧平倭始末〉，收入邱金寶主編，《第一屆「馬祖列島發展史」國際學術研討會論文集》（連江縣：劉立群，1999 年），頁 59。

38 林焜熿，《金門志》，卷 16，〈舊事志・紀兵〉，頁 401。

弧狀之線條，史載「海中扼要－－南澳、中左、金門、銅山同一體。譬如造舟，一牢百牢，一漏百漏」，[39]命運彼此相繫，而金門正好位在泉、漳海岸弧線的近中間處，其東南角的料羅剛好位居此南、北弧線的凸點上（參見附圖三：明代福建漳泉沿海示意圖。），該地不僅是南來北往船舶必經之地，亦常是外寇內犯泉、漳之登岸處，萬曆時重修《泉州府志》中，曾載道：

> 料羅，在同安（縣）極東，突出海外，上控圍頭，下瞰鎮海，內捍金門，可通同安、高浦、漳州、廣（東）潮（州）等處，其澳寬大可容千艘，凡接濟萑苻之徒皆識其地以為標準。嘉靖間，倭寇由此登岸，流毒最慘[指前言官澳倭變一事]。[40]

因為，料羅地處泉、漳、潮三地交通之要衝，且其灣澳非常寬闊，可泊船隻數達千艘，環境十分地優越，接濟倭盜之不肖者，常以此做為彼此聯絡之標的，它是突出海外、內捍金門的海防重地，亦是外寇內犯的主要登陸之地。不僅如此，對泉、漳二地而言，此位居南、北弧線凸點上的料羅，若從東西之方位加以觀察，它同時是明政府防止外寇內侵和進控東面大海的戰略要地，而料羅此一海防上的特質，早在南宋政府時便已知曉，泉州知州真德秀除在此飭修兵船、應備寇侵之外，亦「嘗經略

---

[39] 林焜熿，《金門志》，卷2，〈分域略‧形勢〉，頁8。

[40] 陽思謙，《萬曆重修泉州府志》（臺北市：臺灣學生書局，1987年），卷11，〈武衛志上‧信地〉，頁11。

料羅，以防澎湖」，[41]將該地做為經略海外澎湖的前哨基地。至於，明帝國同樣亦以料羅做為防寇內侵、出控海上的前哨站。前已提及，做為浯嶼水寨轄區的料羅，每年春、冬汛期時該寨兵船便會出港泊戍於此，再集結成船隊，航至附近洋面遊弋哨巡、以防寇侵，此一舉措，便是明政府出汛料羅、防侵控海軍事佈署的具體作為。此外，明時兵船征勦泉州海外之寇亂，亦常以料羅做為母港，由此出發或返航於此。例如萬曆三十年（1602）隆冬，浯嶼水寨把總沈有容率二十四艘兵船，[42]冒著寒風巨浪，秘密橫渡大海，勦除東番的倭寇，[43]往、返便皆由料羅，且為順利達成此一任務，沈個人低調地「治樓船、教甲冑、練火器、峙糗糧。人知其為守而設，不知其為戰而設也；人知其為料羅而防，不知其為東番而渡也」。[44]又如萬曆三十二年（1604）七月，因澎湖遊兵春汛已畢，兵船返回廈門，東來貿易的荷蘭人卻乘虛佔領澎湖。[45]為此，時任福建南路參將的

---

41 林豪，《澎湖廳志》（南投縣：臺灣省文獻委員會，1993 年），卷 2，〈規制・規制考總論〉，頁 84。

42 沈有容，安徽宣城人，字士宏，號寧海，萬曆七年武舉，歷任福建海壇遊兵、浯銅遊兵和浯嶼水寨把總，浙江都司僉書、溫處參將，以及福建水標遊參將等職務，官至山東登萊總兵，卒贈「都督同知」，賜祭葬。沈，擔任浯嶼水寨把總一職，時間約在萬曆三十至三十四年間。

43 請參見沈有容自傳稿〈仗劍錄〉，載於姚永森〈明季保臺英雄沈有容及新發現的《洪林沈氏宗譜》〉，《臺灣研究集刊》，1986 年第 4 期，頁 88。

44 陳第，〈舟師客問〉，收入沈有容輯，《閩海贈言》（南投縣：臺灣省文獻委員會，1994 年），卷之 2，頁 29。

45 因澎湖遊兵春汛之時間，係自清明節前後起約有三個月，最晚當於六月時結束。

施德政，[46]一面派遣沈有容率軍前往與之談判，勸其離開澎湖，「無為細人所誤」；[47]一面則自行「整兵料羅，少候進止」，[48]準備採取下一步之行動。該年十月，「（夷酋）麻韋郎[即韋麻郎]知當事（者）無互市意，乃乘風歸」。[49]而施的「整兵料羅，少候進止」，即指「（施）德政嚴守要害，厲兵拭甲，候旨調遣」一事，[50]由此可證明，料羅是防寇內侵、出控海上的要害之地，海上有警時，明軍嚴守此地處，並在此厲兵拭甲，準備因應可能之任何突發狀況。

其次是，東控大海的料羅和西制陸岸的金門千戶所，一以控海，一以制陸，二者輔車相依、安危相倚！料羅東臨大海，直接關係金門海上之安危，然而此一汛期兵船戍防的戰略要

---

關於此，史載：「初，（潘）秀與夷[即荷蘭人]約，入閩有成議，遣舟相迎。然夷食指既動，不可耐旋，駕二巨艦及二中舟，尾之而至。亡何，已次第抵彭湖[即澎湖]，時萬曆三十二年七月也。是時，汛兵[即澎湖遊兵]俱撤，如登無人之墟」。見張燮，《東西洋考》（北京市：中華書局，2000 年），卷 6，〈外紀考・紅毛番〉，頁 128。

46 施德政，漳州鎮海衛人，官至福建總兵。據史載，施任職南路參將期間表現不俗，時任福建巡海道的王在晉便曾評道：「条戎施公（即施德政）以（萬曆）二十六年海上戰功詔進秩副總戎，督漳南兵事。漳南絕險，為東倭門戶，公捍禦有法，漳人藉庇焉」。見王在晉，《蘭江集》（北京市：北京出版社，2005 年），卷之 11，〈賀總戎雲石施君受欽賜公子中武科入泮序〉，頁 13。

47 張燮，《東西洋考》，卷 8，〈稅璫考〉，頁 156。本文發表於 2008 金門學學術研討會時，遺漏此條註釋，今補入，特此說明。

48 同前註。本文發表於 2008 金門學學術研討會時，遺漏此條註釋，今特予補入。

49 請參見同前註。

50 請參見張燮，《東西洋考》，卷 6，〈外紀考・紅毛番〉，頁 129。

地，卻亟需陸上武力的保護，才得以發揮其海防之功能，而位處金門島上西南的金門守禦千戶所（以下簡稱「金門所」）便是扮演此一角色。因為，明初時，洪武帝為根除倭人侵擾，派遣江夏侯周德興南下福建擘建海防，於沿海增置軍衛、千戶所、巡檢司、烽堠和水寨等措致，讓陸岸上的武力衛、所、巡司和構築海島、岸澳的水寨兵船互為表裏，藉以形成完整的海防架構。金門所（即今日金門城，又稱舊金城）（參見附圖十：由昔時金門所城內眺望北門之今貌。），[51]洪武二十年（1387）時由周德興所創建，[52]並築有所城一座，[53]該地位處金門西南邊海高地上，「登高四望，則水天合鏡，浩淼無邊」，[54]係一兵防要衝

---

[51] 金門守禦千戶所，地在同安縣東南十九都。一說地方守禦千戶所不由衛指揮使司統屬，直接由都指揮使司管轄，而各地都指揮使司又分隸於五軍都督府（見張其昀編校，《明史》（臺北市：國防研究院，1963年），卷76，〈志五十二・職官五・各所〉，頁815。），亦即金門所歸福建都指揮使司管轄，不歸永寧衛轄管。另一說法是，金門所係歸永寧衛轄管，「永寧衛，（福建）都指揮使司領之，隸所十：左、右、中、前、後各有千、百戶，又有福全、高浦、中左、崇武、金門守禦千戶所五」（見陳壽祺，《福建通志》（臺北市：華文書局，1968年），卷106，〈明武職・永寧衛〉，頁26。）；類似的說法，亦見於黃仲昭，《（弘治）八閩通志》（北京市：書目文獻出版社，1988年），卷之29，〈秩官・職員・郡縣・泉州府〉，頁6。

[52] 黃仲昭，《（弘治八閩通志）》，卷之41，〈公署・郡縣・泉州府・武職公署〉，頁21。但，何喬遠的《閩書》卻作洪武二十一年，特此說明。

[53] 明初，周德興所構築的金門所城，其情形大略如下：「周圍六百三十丈，高連女墻一丈七尺，基廣一丈，為窩舖二十有六，東、西、南、北闢四門，各建樓其上」。見同前註，卷之13，〈地理・城池・泉州府〉，頁8。

[54] 林焜熿，《金門志》，卷4，〈規制志・前言〉，頁49。

之地（參見附圖十一：清《金門志》附圖中的金門所城。）。清人莊光前對金門所之地理形勢，有以下之評論：

> 金門舊城在原金門所，高聳臨江，目極東南，為備海要地。……夫兵以衛民，固金門（所）則一望瞭然，賊艘不敢逼境。[55]

莊對金門所城居高臨下，海上動態一望瞭然，「賊艘不敢逼境」之優點讚譽有加。至於，位居形勝的金門所有額軍一,五三五名，[56]設有一千戶鎮守之，這支的武力是以殲除金門島上活動敵寇、保護陸地軍民為主要對象，而和它配合的是浯嶼水寨汛期駛來料羅屯戍的兵船，係以備禦海上敵寇、捍衛陸岸安全為主要目標。嘉靖時，巡撫浙福都御史王忬在論及明政府早期東南海防佈署的思惟時，便嘗言道：

> 往時，海防嚴密，列衛、所以保內民，修水戰以捍陸地，以故邑城不設、居民安堵。[57]

---

55 莊光前，〈同邑海防論〉，收入周凱，《廈門志》，卷9，〈藝文略・論〉，頁292。

56 金門所原有差操、屯種和屯旗軍共一,五三五名，後因衛、所軍兵逃亡情形嚴重，至萬曆年間僅存剩見操、出海軍六一八名，以及屯種軍七十四名。見懷蔭布，《泉州府誌》，卷之24，〈軍制・衛所軍兵〉，頁32。

57 王忬，〈議建城垣疏〉，收入陳子龍等輯，《皇明經世文編》（北京市：北京出版社，2000年），卷之283，頁集26-317。王忬，字民應，嘉靖二十年進士，以僉都御史經略通州，復巡撫山東。值倭寇大侵浙江台州，而閩中時亦有警，朝廷以王原官提督軍務巡視浙江兼管福、興、泉、漳地方。不久，改巡視為巡撫。

上述的「列衛、所以保內民，修水戰以捍陸地」，即是明政府海防佈署主要重點之一，而金門所軍和料羅兵船便是扮演「列衛、所以保內民」以及「修水戰以捍陸地」角色之最佳例子。因為，料羅港澳需在金門所軍對金門陸地有力的捍衛下，兵船才得無後顧之憂出航去執行任務；同樣地，金門所亦因海上有料羅兵船的有效保護下，所軍才能有恃無恐地在島上遂行其勤務。故知，金門所軍和料羅兵船兩者是互為唇齒的，一陸一海相互援引。

最後是，料羅對金門巡檢司勤務的執行及其堡城的安危鞏固，具決定性的影響。明時，福建沿海除設有軍衛、守禦千戶所之外，「其隙地、支地控馭所不及者，更置巡（檢）司，以承其彌縫焉」，[58]用以補強衛、所無法防禦周遍之不足處，而巡檢司（以下簡稱「巡司」）和衛、所相類似，明初時皆設有預警的烽堠墩臺，並築有環以牆垣的巡司寨城，[59]以及配置弓兵約百名和若干數額的兵船，[60]以為「哨探盤詰、治安捕盜」之用。

---

是時，抗倭將領俞大猷、湯克寬等人俱武勇饒材略，王皆虛己任之。王撫視浙、閩時間不到兩年，勦倭卻有十餘捷，建功頗大。

58 杜臻，《粵閩巡視紀略》，卷 4，頁 1。

59 以官澳巡檢司城為例，「在（同安縣）十七都，周圍一百六十丈，（基）廣六尺五寸，高一丈八尺，為窩鋪凡四，為門一。……洪武二十年江夏侯周德興創建」。見同註 50，卷之 13，〈地理・城池・泉州府〉，頁 7。

60 關於巡檢司的兵船額數，洪武帝在二十三年四月，詔令「濱海衛、所，每百戶置船二艘，巡邏海上盜賊。巡檢司亦如之」。見李國祥、楊昶主編，《福建明實錄類纂・福建臺灣卷》（武漢市：武漢出版社，1993 年），〈海禁海防〉，頁 519。若以官澳等四巡檢司為例，因各置有弓兵一百名加以推斷，約可能各有兩艘巡洪武二十年（1387）時，江夏侯周德興在金門島上創建官澳、田浦、峯上和陳坑等四個巡司，[61]前註中已述及，官澳係金門內渡南安、晉江等地的門戶，[62]峯上亦以料羅為出入海上之要害處。田浦，今名田埔（屬金沙鎮），是金門東面延伸入海的岬角，因位處高峻擁良好之制高點，據稱目前尚存明時巡司之城基。[63]陳坑，今名成功（屬金湖鎮）（參見附圖十二：今日金門陳坑一帶風光。），[64]則地在料羅灣中段處，亦位居臨海制高點處。[65]以上官澳等四巡司皆臨海而設，且多據地勢險要之處，[66]

海備盜的兵船。

61 林焜熿，《金門志》，卷2，〈分域略・沿革〉，頁5。

62 根據研究，官澳巡檢司城是建在官澳村北方六至七〇〇公尺遠的海岸小丘上，即今日的馬山觀測所處，請參見許志仁，《明代海禁政策下的金門及其海域》（金門縣：作者自行出版，2010 年），頁 130-131。本文發表於 2008 金門學學術研討會時，並無此條註釋，今特別補入以供參考。

63 田浦東臨大海，明時便是扼制海疆之重要軍事據點，田浦城內現存的泰山廟，所供奉的城隍爺，是昔日軍事城堡的例證。請參見〈農業易遊網・金門縣・田浦城〉，http://ezfun.coa.gov.tw/view.php？theme=spots＆city=W＆id=W-apple-20040726011311＆cla…。

64 陳坑一地，清時《金門志》載稱「上、下坑」，民國四年寫為「上坑與下坑」，今下坑改名為夏興，上坑改為成功。成功是陳坑民國四十九年時新改之地名，賦寓成功新意。「坑」為金門常見的村名用字，意為可避風的低地。請參見〈成功陳氏宗祠・金門部落・新浪部落〉，http://blog.sina.com. tw/a1823145/article.php？pbgid=5568＆entryid=572777。

65 明時，陳坑巡檢司城的位址，依地理位置加以推斷，當在上坑，即今日成功臨海的高地一帶。

66 不僅如此，官澳等巡司寨城亦多築在邊海要衝處，主要的考量是，附近村落民眾「去郡城迢遠，有警，各攜老稚，挾衣糧，馳入寨城避鋒鏑，此又堅壁清野意也」。見顧亭林，《天下郡國利病書》（臺北市：臺灣商務印書館，1976 年），用以補強金門千戶所軍在島上防禦的縫隙。但是，因巡司的任務係以治安哨探為主，加上兵力又單薄，海上若有大規模之寇犯定難以負荷，故巡司的平日勤務能否正常運作及其巡司寨城的安危與否，卻有賴於海防的鞏固，而做為浯嶼水寨備禦要地的料羅，其春、冬汛期海上戍防的兵船，乃在其中扮演相當重要的角色。萬曆四十年（1612）時刊刻的《萬曆重修泉州府志》卷十一〈武衛志上・信地〉中，便載道：

> 浯嶼（水）寨兵分四哨，出汛時一屯料羅，一屯圍頭，一屯崇武，一屯永寧，每汛與銅山、南日兩（水）寨及浯銅遊兵合哨，稽風傳籌。……按，泉郡濱海，綿亘三百里，與島夷為鄰，其最險要宜防之地，有三：一曰崇武，……一曰料羅，……。一曰舊浯嶼[即浯嶼]，……至崇武而南有永寧，料羅而上有圍頭，舊浯嶼之北有擔嶼、烈嶼，南有卓岐、鎮海，皆海寇出入之路，抑其次也。今（浯寨）汛兵屯崇武、永寧分哨，則獅[誤字，應「獺」]窟、祥芝，深滬、福全一帶有賴；屯料羅、圍頭分哨，則沕洲、安海、官澳、田浦、峯上、陳坑一帶有賴。[67]

上文中指道，泉州與外島為鄰，濱海綿亘三百里，料羅和崇武、

---

原編第 26 冊，〈福建・巡司〉，頁 54。

67 陽思謙，《萬曆重修泉州府志》，卷 11，〈武衛志上・信地〉，頁 11-12。

浯嶼這三處是最險要且需重兵把守的，為此，明政府遂於汛期時派遣浯寨兵船屯駐在料羅，遂使金門的官澳、田浦、峯上、陳坑沿岸等地的安全，因此獲得進一步的保障！

## 四、料羅和庚申倭禍關係之探討

### 1、嘉靖庚申料羅失守之近因

料羅係泉州東入大海的門戶，更是禦敵登陸入犯的海防重地，春、冬汛期駐防該地的浯嶼水寨兵船，不僅和陸岸上的金門千戶所軍分制海、陸，保障金門島上軍民之安全，而且，亦讓島上官澳等四巡檢司在勤務的執行及其堡城的安危獲得更有力的護持。然而，讀者或許會疑惑，假若係如此，為何會發生嘉靖三十九年（1560）庚申倭禍之慘劇？前已言及，料羅之失守乃此變禍之開端，而問題主要是出在人謀不臧。因為，防守料羅之將領貪婪庸懦，既不臨地視事，又將戍防該地之兵船駛走，防務空虛之情事又為倭寇所偵知，遂由此登陸釀成大禍。關於此，洪受激動地言道：

> 歲在庚申[嘉靖三十九年]，受委者泉州衛官王鏊也。其人猥鄙庸懦，不諳武略，徒以廣賄納權為能事，以罔上肆志為無恐。名在料羅而絕不一托足，移舟躲避廈門，亦不遣一卒以代其行。兵食數千金，冒濫肥己，虛兵無實名。倭寇知情，乃於三月二十三日舟從料羅登岸劫掠。

> 二十六日，肆掠於西倉、西洪、林兜、湖前諸鄉社……。[68]

上文中的泉州衛官王鏊，一作王鏊或王鼇，[69]出身將門，曾襲父祖泉州衛指揮使一職，雖其先人多位有清勦賊倭之功，[70]然不肖子孫愧對祖宗，貪懦的王卻將出防鎮守料羅之兵船駛回廈門躲避，致該地空虛為賊所乘，因而發生慘劇。而上文以「受委者」稱王，根據筆者之推斷，王鏊係浯嶼水寨汛期駐防料羅的兵船指揮官，[71]需春、冬二季駐防於此，它的情況如洪受在

---

68 洪受，《滄海紀遺》，〈災變之紀第八〉，頁 57。文中的泉州衛官王鏊 [另作王鏊或王鼇]，泉州衛指揮使王文璥之子，文璥係明初泉州衛指揮使王鑑之後人。王鑑，六安人，係福州左衛指揮使王銓弟，永樂時改襲泉州衛指揮使。請參見陽思謙，《萬曆重修泉州府志》，卷 12，〈武衛志中・泉州衛指揮使〉，頁 1。

69 上文的「一作王鏊或王鼇」，本文發表於 2008 金門學學術研討會時，並無此句內容，今特別補入，以供讀者參考。因為，王鏊的名字，除了上引文洪受《滄海紀遺》「王鏊」的寫法外，尚有「王鏊」（見陽思謙，《萬曆重修泉州府志》，卷 12，〈武衛志中・泉州衛指揮使〉，頁 1。）和「王鼇」（見臺北市福建省同安縣同鄉會印，《福建省馬巷廳志（《泉州府馬巷廳志》光緒版）》（臺北市：出版者不詳，1986 年），卷之 8，〈師旅・明〉，頁 17。）等兩種不同的說法。因為，陽思謙的《萬志》記載王氏家族成員的資料甚為詳備，故筆者目前認為，陽氏「王鏊」的寫法準確性可能較高，特此說明。

70 王鏊之先祖王濬、曾祖父王振、伯叔王瑩皆為泉州衛指揮使，且有征勦戰功，史載：「王濬，永樂間（泉州衛）指揮使，有勦殺鄧茂七賊黨功。濬子振有征捕溫文進功，振孫瑩有擒獲倭夷功，世濟其美」。請參見陳壽祺，《福建通志》，卷 139，〈明宦績・泉州衛〉，頁 12。

71 本文發表於 2008 金門學學術研討會時，曾推測王鏊「當係擔任嘉靖增置的料羅兵船指揮官」，此一見解似有問題，應修改為「浯嶼水寨汛期駐防料羅的兵船指揮官」，較為恰當。因為，嘉靖三十九年三月二十三日，倭、盜自料羅登岸劫掠

《滄海紀遺》一書中，所稱：

> 嘉靖丁未歲[即二十六年]，閩中始設軍門，以朱秋崖公[即朱紈]為僉都御史總戒[誤字，應「戎」]事。時泉、漳沿海之地，往日本者如入朝市，勾引出沒，夷虜縱橫，公知其堅冰之將至也，於是嚴為之禁。(朱紈）又見見料羅為賊巢穴，(千戶）所、(巡檢）司之官皆無可賴，而（浯嶼）水寨偏安於廈門，不足以支外變，浯嶼（水寨）難以遽復，乃於料羅特設戰艦二十餘艘，委指揮、千百戶重兵以守之。此雖權宜制變之策，然意向所加，莫敢懈弛。嗣後法守相承，地方賴以無事。[72]

---

時，此刻正值水師春汛時節，按照明政府規定，浯嶼水寨兵船需出汛泊駐在備禦要地的料羅和井尾，以便至附近外海哨巡遊弋，用以備禦入犯敵人，然而，王鏊卻將駐防料羅的兵船移回廈門，遂釀成上述浯洲被禍遭戮的慘劇！而此一導致金門殘毀的恐怖亂事，主要起因於料羅守將的王將兵船移回廈門，致使金門防備空虛而為倭、盜所乘，進而引發島上死者萬人、村社為墟的空前大悲劇。有關此，亦請參見何孟興，《浯洲烽煙－明代金門海防地位變遷之觀察》(金門縣：金門縣政府文化局，2013 年)，頁 84-86。

72 洪受，《滄海紀遺》，〈災變之紀第八〉，頁 57。相關之記載，亦見於陳夢雷，《古今圖書集成：方輿彙編》(臺北市：鼎文書局，1976 年)，卷 1052，冊 142，〈職方典・福建省・泉州府部・紀事〉，頁 57。另外，文中稱朱紈的職銜是「僉都御史」，有誤，當為「副都御史」，見朱紈，《甓餘雜集》(濟南市：齊魯書社，1997 年)，卷 2，頁 20 和 46。其次是，文中的「浯嶼（水寨）難以遽復」，係指遷往廈門的浯嶼水寨一時難以回遷原址的浯嶼一事。有關明代浯嶼水寨遷徙詳細之經過，請參見何孟興，《浯嶼水寨：一個明代閩海水師重鎮的觀察（修訂版)》，第 4 章，頁 149-200。最後是，正引文中「浯嶼（水寨）難以遽復，乃於料羅特嘉靖二十六年（1547）時，浙福副都御史朱紈（參見附圖十三：朱紈像。）眼見金門、官澳所軍和巡司弓兵廢弛不堪，再加上，浯嶼水寨又已內遷至廈門，[73]非汛時月團泊寨澳中的舟師難以偵知海上之動態，「寇賊猖獗於外洋，而內不及知，及知而哨捕之，賊乃盈載而遠去」，[74]加上，此際的浯寨兵船又多毀朽未修。於是，朱紈將該寨兵船加以修復並增補之，並依往例撥二十餘艘兵船於春、冬汛期駐防備禦要地的料羅，[75]並委派附近衛所

設戰艦二十餘艘，委指揮、千百戶重兵以守之」之語句，此疑指浯寨按例春、冬汛期駐防備禦要地的料羅和井尾，各有二十艘，合計共四十艘戰船。本來明政府汛期時，即在料羅佈署有二十艘戰船，後來，因「浯嶼（水）寨四十隻，見在止有十三隻，見在者俱稱損壞未修，其餘則稱未造」（見朱紈《甓餘雜集》卷 2，〈閱視海防事〉，頁 18。），朱紈修復後，即維持原先的狀況——即「料羅特設戰艦二十餘艘，委指揮、千百戶重兵以守之」。至於，洪受為何會出現上述與事實有差異的認知，筆者目前推測是，政府的軍事佈署或行動多具機密性質，外人難以完全知曉其來龍去脈，洪可能因無法得悉明軍內部的運作情形，有以致之，本文發表於 2008 金門學學術研討會時，並無此段內容，今補入相關說明，以供讀者參考。

73 明季，浯嶼水寨由海中的浯嶼遷入廈門島的時間，連嘉靖時《籌海圖編》一書都稱，浯寨「不知何年建議遷入廈門地方」，吾人今日要正確去斷定遷入的時間誠屬不易，目前僅能得到的結論是，浯寨遷往廈門的時間絕對不晚於孝宗弘治二年。請參見何孟興，《浯嶼水寨：一個明代閩海水師重鎮的觀察（修訂版）》，頁 161。

74 洪受，《滄海紀遺》，〈建置之紀第二・議水寨不宜移入廈門〉，頁 8。

75 本條註釋係筆者所增列者，文中的「於是，朱紈將該寨兵船加以修復……防備禦要地的料羅」之語句，本文於 2008 金門學學術研討會時，原始語句為「已不堪負荷春、冬出汛料羅之勤務，但該地又是海防重地不得不防，遂酌情另外特別增置二十餘艘兵船常年駐防於此」，因其內容有所差誤，今特別利用本論文集出版之際，做一修正和調整。至於，修改的源由，因筆者現今推斷是，浯嶼水

之指揮、千百戶領軍充之，用以對付倚當地為巢穴之賊盜。朱此一權宜制變之策，似乎對壓制料羅賊盜之氣焰發揮了功效，而地方得賴以安寧，直至王鏊出任此職，才出了紕漏，然不幸的是，王此次的失職卻讓金門民眾付出極沉重的代價。對此不肖之官軍，洪受在〈撫院訴詞〉一文中指道：

> 切以民出食以養兵，兵出力以衛民，兵民相濟，非徒費而無益也。浯[即金門]民群處荒島，賊寇出沒無常。國初設金門所四巡司，軍兵協守，近因漳寇內侵，添設浯嶼水寨井尾、料羅哨船備禦，誠吾民保障之良規也。奈何官軍空食廩糧，罔知報效，連年縱寇劫掠，民不聊生。某年某月日，倭船一艘，由料羅登岸，指揮王鏊見委地駐劄，不惟不與交鋒，卻且潛遁無跡，致倭如侵入無人之境。[76]

認為，衛、所官軍「空食廩糧，罔知報效，連年縱寇劫掠，民不聊生」，且倭船登岸，「不惟不與交鋒，卻且潛遁無跡，致倭如侵入無人之境」，失去原先「民出食以養兵，兵出力以衛民，兵民相濟」之意義目標。

寨早於春、冬汛期時，即在料羅佈署有二十艘戰船，副都御史朱紈僅是修復原先損壞者，而應非如洪受所稱的，於料羅額外再特設新的戰船，有關此，亦請參見註72。

76 洪受，《滄海紀遺》，〈詞翰之紀第九・撫院訴詞〉，頁 75。文中的「井尾、料羅哨船備禦」，即浯寨的備禦要地，在明代中前期是在料羅和井尾，請參見前文。

## 2、金門嘉靖庚申倭禍之遠因

然而，吾人若觀察明代福建海防之變遷，便可發現，嘉靖金門庚申倭禍可視為是東南海防長期地廢弛所種下的惡果，亦是嘉靖倭亂諸多悲劇中少數因史載較詳而為後人所知悉者。前已言及，明初時周德興南下閩海，構築衛、所、巡司、水寨等措致，為福建海防奠定堅強的基礎。但是，隨著政局昇平日久、海上久安，福建海防跟著鬆懈下來，英宗正統（1436－1449）以後，不僅人心怠玩、軍備廢弛……等缺失逐漸出現，且衛、所屯地又遭地方勢豪兼併，導致官軍大量地逃亡。且以福建泉州邊海為例，嘉靖二十六年（1547）時，朱紈所上奏的〈查理邊儲事〉疏中，便指道：

> 浯嶼水寨，原額官軍三千四百四十一員名，今實有二千四十員名，虧額之數已過五分之二；又分班休息，見在哨守六百三十四員名，實有之數不存三分之一。[77]

浯嶼水寨此時已有一,四四一名的逃兵，約佔總數的三分之一強。另外，兵船的情況亦甚糟，「浯嶼（水）寨四十隻，見在止有十三隻，見在者俱稱損壞未修，其餘則稱未造」，[78]不僅官軍放任兵船朽爛，烽墩、衙署毀壞不修亦習以為常。[79]至於，巡

[77] 朱紈，《甓餘雜集》，卷 8，〈查理邊儲事〉，頁 11。

[78] 朱紈，《甓餘雜集》，卷 2，〈閱視海防事〉，頁 18。

[79] 關於此，朱紈曾慨嘆道：「至於，居止衙門并瞭望墩臺俱稱倒塌無修，無一衛、一所、一巡司開稱完整者，漳、泉兩府如此，其餘可知。夫所恃海防者，兵也、

檢司的情況亦不遑多讓,「巡檢司在泉州沿海者苧溪等處共一十七司，弓兵一千五百六十名，見在止有六百七十三名」。[80]亦即包括金門官澳四巡司在內的泉州沿海巡司弓兵的缺額，竟高達五分之三。而且，問題愈來愈嚴重，至三十三年（1554）時，福建「額船朽爛已盡，額軍逃亡十七，額派錢糧支剩數多，皆折銀留布政司別用，祖宗舊制略不修復，僅扣老弱之銀支持海上之費」。[81]

不僅如此，官軍內部的腐化亦甚嚴重，將弁貪瀆受賄時有所聞，例如浯寨把總丁桐貪受財貨，私縱葡萄牙人販貿。[82]除此，官軍怠忽職守亦屢見不鮮，田浦巡檢司即是一好例，金門發生庚申倭禍期間，賊船曾由該司寨城底下登岸，時賊身並無鐵刃兵器，卻因該司巡檢未臨地視事，人在同安縣城租住，又加上司城內無一弓兵駐防，賊倭見此大好機會，遂合流於此，蜂擁奔襲而入。[83]以上的這些內容都是在說明著，海防的問題主要是出在人，而非制度的本身，係長期以來人心怠玩、軍備

食也、船也，居止瞭望也，今皆無所恃矣」。見朱紈，《甓餘雜集》，卷 2，〈閱視海防事〉，頁 18。

80 朱紈，《甓餘雜集》，卷 2，〈閱視海防事〉，頁 18。

81 王忬，〈奏復沿海逃亡軍士餘剩糧疏〉，收入卜大同，《備倭記》（濟南市：齊魯書社，1995 年），卷下，頁 8。

82 嘉靖二十七年，時值欲通販中國的佛郎機夷人私潛漳州府境，福建巡按金城遂檄海道副使柯喬禦之，並彈劾浯寨把總丁桐貪賄受夷人金縱之入境，乞請正其罪並請籍產；丁桐遂被繫，逮送京師問訊，經審判後，發配邊衛充軍，子孫不許襲軍職。請參見朱紈，《甓餘雜集》，卷 6，〈都察院一本為夷船出境事〉，頁 9。

83 同註 76，頁 74-75。

廢弛的結果。故在此病相叢生的嘉靖海防景況下，會發生如金門庚申倭寇登岸破城、屠戮百姓之情事，似乎非意外之事。

### 3、浯嶼水寨議遷料羅之經過

因為，金門庚申倭禍係源自料羅守將之懦懶疏防，致倭盜由此登岸荼毒所致，故於嘉靖晚年倭亂底定後，為恐類似悲劇再次發生，便有人建議將浯嶼水寨由廈門改遷至料羅，直接坐鎮以禦寇犯，而非僅春、冬汛期屯戍而已。有明一代，倭寇對中國沿海的侵擾，以嘉靖中後期時最為嚴重，時間約始於二十九年（1550），即被罷黜的副都御史朱紈，[84]遭勢家搆陷、憤而仰藥自殺之後，明政府「罷巡視大臣不設，中外搖手不敢言海禁事，……撤備弛禁。未幾，海寇大作，毒東南者十餘年」，[85]而上述庚申慘劇即是好例，直到嘉靖四十二年（1563）福建倭禍才被大致敉平。[86]此際，福建巡撫譚綸、總兵戚繼光等人因見海防廢弛嚴重、問題叢生，遂奏請改革水寨的體制，諸如改陸水寨指揮官為欽依把總、另行招募兵丁以充寨軍以及重新釐定各寨汛地範圍……等，而搬遷廈門的浯嶼水寨回原創舊址的

---

84 朱紈，原職為巡撫浙福副都御史，嘉靖二十七年改為巡視，二十八年時被劾罷職，待勘。

85 張其昀編校，《明史》，卷 205，〈列傳九十三・朱紈〉，頁 2378。

86 嘉靖四十二年四月，福建倭禍被將領戚繼光、俞大猷、劉顯等人所率官軍合攻，大破於興化的平海衛，該年十一月嘉靖帝以寇退，祭告郊廟。見同前註，附錄，〈明史大事年表・嘉靖四十二年〉，頁 4051。

浯嶼亦是其一，此主要係因「嘉靖戊午[三十七年]，倭泊浯嶼，入掠興、泉、漳、潮，據之一年，乃去」一事而起，[87]此外，亦和四十一年（1562）海盜吳平巢據浯嶼並與倭互通聲息一事有關，雖倭盜後為將領俞大猷、劉顯擊敗遁離浯嶼，但此多少亦加強譚、戚二人將浯寨遷回浯嶼的想法。但是，譚、戚主張遷寨浯嶼之時，卻有其他不同之聲音，有人認為應繼續留在廈門，[88]更有建議將浯寨改遷至料羅者，洪受便是其一。洪本人除反對浯寨續留在廈門外，但亦不贊同遷回浯嶼，建請不如將浯寨遷往亦是該寨備倭要地的料羅，其理由大約有三：

（一）、浯寨昔日內遷廈門是錯誤的決定，因避入腹裡內港、會導致聲息不通，「寇賊猖獗於外洋而內不及知，及知而哨

87 何喬遠，《閩書》（福州市：福建人民出版社，1994 年），卷之 40，〈扞圉志〉，頁 989。嘉靖三十七年五月，海盜洪澤珍和倭寇巢據在浯嶼，後自焚其巢穴，並進攻泉州同安，不克；十月，倭寇再南攻漳州的銅山、漳浦、詔安等地，又為明官軍所敗；同年冬天，時洪澤珍與另一海盜謝策復再誘使倭寇數千人回航泊靠浯嶼，再盤踞為巢。三十八年春天，洪澤珍與倭寇又從浯嶼出發，西犯漳州，散劫月港等處，後復還浯嶼巢穴；三月，又再北擾福寧州，攻陷福安，四月為將領黎鵬舉所破，洪遂敗遁出海，餘黨遁屯海壇島，後再進犯漳州。五月，洪部分餘黨南向奔竄，遁入閩、粵交界的南澳島，巢據居之；此時，另一股倭寇又因浙江官軍剿討，舟山賊巢傾破，遂南奔福建，亦竄入浯嶼躲藏。

88 督師勦倭的兵部尚書胡宗憲及其幕府鄭若曾即是一例，請參見胡宗憲，《籌海圖編》（臺北市：臺灣商務印書館，1983 年），卷 4，頁 23。附帶一提的是，《籌海圖編》一書，後經考證作者是鄭若曾，筆者以為，鄭既為胡的屬下，佐其勦平嘉靖倭亂，鄭在《籌》書中的見解，多少亦反映出胡個人的海防主張，基本上，鄭、胡二人基本上應該是無矛盾衝突的，故之。

捕之，賊乃盈載而遠去」[89]，並造成官兵苟安廢弛、欺上包庇，甚至「官軍假哨捕以行劫」等嚴重的後果，[90]所以，浯寨不應續留在廈門。

（二）、浯嶼戰略地位十分地重要，為泉、漳接壤之險要地，明初江夏侯周德興置水寨於此有其深刻之用意，但重新遷回可能有其困難，因反對者會以浯嶼孤懸海中，倭盜攻劫內地、哨援難及的理由，加以阻撓。

（三）、浯寨遷回浯嶼或續留廈門，都有缺點或其困難處，若改遷金門海防戰略要地的料羅是一折衷辦法，他所持的理由有三：1、「料羅、浯嶼均為賊之巢穴，而地勢不甚相遠，據此可以制彼也。」[91]2、料羅自昔即為海防重地，早在南宋時真德秀便曾置兵船於此，更是浯寨出汛屯戍二大備倭要地之一，洪受認為，嘉靖庚申倭禍源頭在料羅之失守，「庚申[嘉靖三十九年]之變，官澳（巡檢司）城之被陷慘矣！其禍實始於此。使料羅有水寨，賊其敢爾乎？」[92]3、浯寨遷往料羅「費用雖繁，亦不過向者官軍防備一年之費足也」，[93]況且浯嶼島上林木可載運

---

[89] 洪受，《滄海紀遺》，〈建置之紀第二・議水寨不宜移入廈門〉，頁 8。附帶說明的是，本文發表於 2008 金門學學術研討會時，遺漏此條史料之出處，今重新加以補入，特此誌之。

[90] 洪受，《滄海紀遺》，〈建置之紀第二・議水寨不宜移入廈門〉，頁 8。

[91] 同前註。

[92] 同前註。

[93] 同前註。本文發表於 2008 金門學學術研討會時，遺漏此條註釋，今特予補入。

來充作新造料羅寨城的建材，「萬全之策，無過於是。」[94]

洪受站在海防的角度上，對浯寨的原址浯嶼和現址廈門二地位置的優、缺點和現實的阻力做一剖析，同時亦為自己的鄉里百姓請命，慷慨陳述料羅在海防上的重要性，希望明政府能考慮浯嶼和廈門以外的第三條路，藉由浯寨改設在料羅，以解決該寨設在浯、廈二島時所引發的一些問題。然而，洪的建議最後並未得到明政府的採納，甚至，連譚、戚的主張都未獲接受，[95]浯寨依舊如前繼續設在廈門。

## 五、結　語

海洋，攸關福建之安危至深。位處泉州西南邊海的金、廈二島，是漳、泉二府海上重要的門戶，而金門在形勢上，卻又比廈門來得重要。金門海防首要之地在料羅，且自南宋以迄明代，料羅一直是泉州海域重要海防據點之一，同時亦是金門最重要的兵船駐防地，明代閩海水師重鎮——浯嶼水寨春、冬汛期防寇入犯之兵船，便是長期以此為備禦要地。而做為泉州沿

94 同前註。

95 關於譚、戚議將浯寨遷回浯嶼一事，史書多以「巡撫譚綸、總兵戚繼光請復寨舊地。尋，復以孤遠罷」（見何喬遠，《閩書》，卷之 40，〈扞圉志〉，頁 989。）；「議復寨舊地，更以孤遠罷」（見沈定均，《漳州府誌》（臺南市：登文印刷局，1965 年），卷 22，〈兵紀一・明・衛所〉，頁 8。）；「後，屢議復而未行」（見懷蔭布，《泉州府誌》，卷 25，〈海防・防守要衝・浯嶼〉，頁 22。）……等語句來說明此事之結果，因目前相關史料不易覓得，筆者難以推斷其真正的原因為何。

海邊防至要地的料羅，在明時泉州海圖上便有獨一無二「料羅澳，此至要地」的特別標註，此和料羅擁有金門面海的極東南處之地理特點，以及來往船隻取汲、避風方便之自然條件，有著絕對的關係。

法國軍事家拿破崙（Napoleon Bonaparte）曾說：「戰爭，就是佔領位置」，[96]亦即作戰之任務在於爭取位置，好的戰略據點，可以制敵機先；同樣地，防衛敵人的進犯亦是要找到好的地點，佔領好的位置，而料羅便是一個戰略上的理想位置。料羅，不僅是泉州船舶出入的海上門戶，更是明政府泉、漳禦敵入犯的海防重地，亦是明政府東進大海的前哨基地。春、冬汛期時，戍防該地的浯嶼水寨兵船，不僅和陸岸上的金門千戶所軍力互為輔車、分制海陸，保障金門島上軍民之安全；同時，亦因料羅兵船海上的汛防，讓島上官澳、田浦、峯上和陳坑巡檢司在勤務的執行及其堡城的安危上，獲得強而有力的護持。

此外，前文亦提及，重要的戰略地點影響海防安危甚大。嘉靖時，金門庚申倭禍之源頭，便在於料羅之失守。料羅失守之問題，在守將王鏊之偷安廈門，人謀不臧是肇此禍事之近因，而自正統以後東南海防長期地廢弛、導致病相叢生，是其問題發生之遠因。雖然，在嘉靖倭亂底定後，為恐類似悲劇之再現，曾有人以浯嶼水寨基地的廈門，地處腹裡內港，難以掌握海上

96 請參見馬漢（A.T.Mahan）撰，楊鎮甲譯，《海軍戰略論》（臺北市：軍事譯粹社，1979 年），第二章，〈史料評述〉，頁 21。

動態，建議將其改遷至料羅，用以坐鎮禦寇，非僅汛期屯戍該地而已。但是，此一建議，最後還是未被明政府所採納，浯寨依舊是設在廈門，而讓喧嚷一時的遷議主張，在不了了之的情形下收場。

（原始文章刊載於「2008 金門學學術研討會：烽火僑鄉・敘事記憶－戰地・島嶼・移民與文化」大會手冊論文集，2008 年 6 月 14 日，頁 41-66。）

附圖一：金門官澳一帶景觀，筆者攝。

附圖二：筆者攝於料羅媽祖廟前。

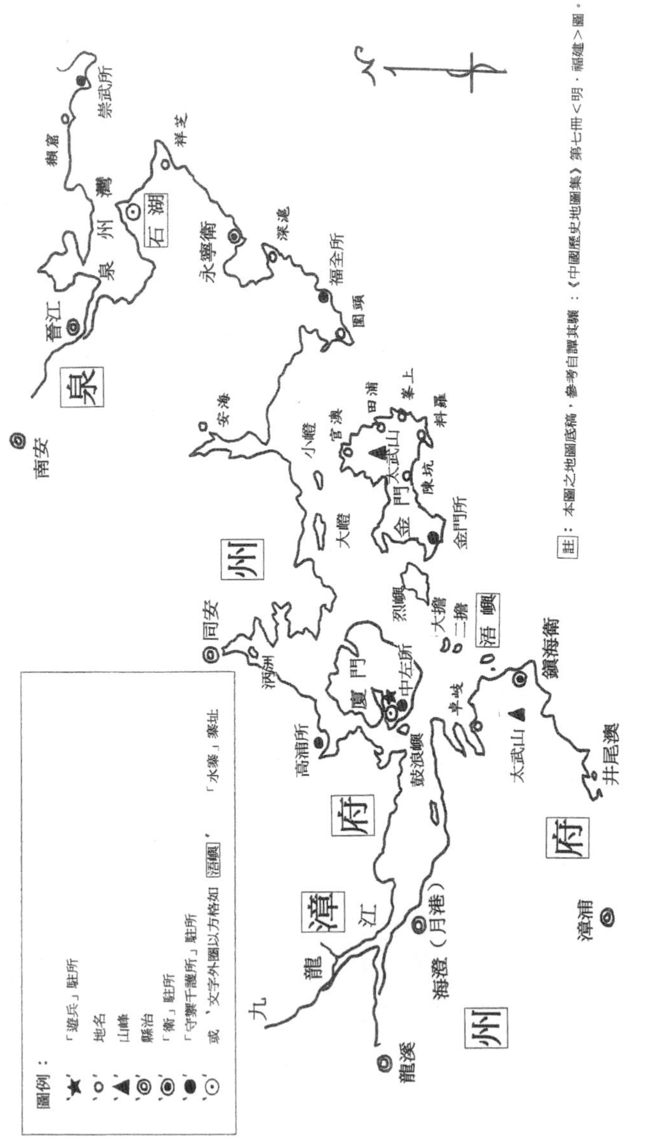


註：本圖之地圖底稿，參考自譚其驤：《中國歷史地圖集》第七冊<明．福建>圖。

附圖三：明代福建漳泉沿海示意圖，筆者繪製。

附圖四：今日金城鎮古蹟「金門總兵衙署」，筆者攝。

附圖五：今日料羅岸邊的漁舟，筆者攝。

附圖六：明《籌海重編》「萬里海圖」中的金門料羅（見左上角處）。

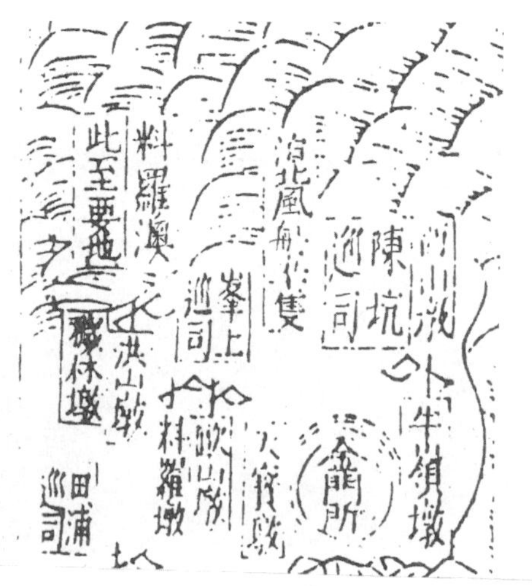


附圖七：明《籌海重編》料羅附近海圖之放大版。

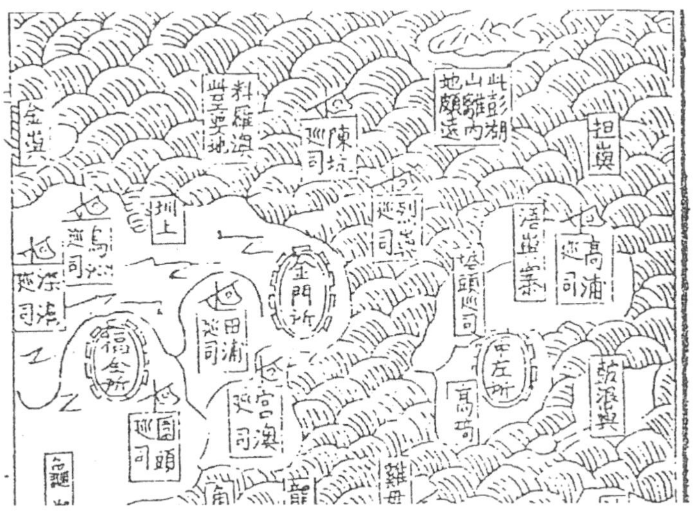

附圖八：明《虔臺倭纂》「萬里海圖」中的金門料羅（見左上方處）。

附圖九：今日料羅澳附近坡上媽祖塑像，筆者攝。

附圖十：由昔時金門所城內眺望北門之今貌，筆者攝。

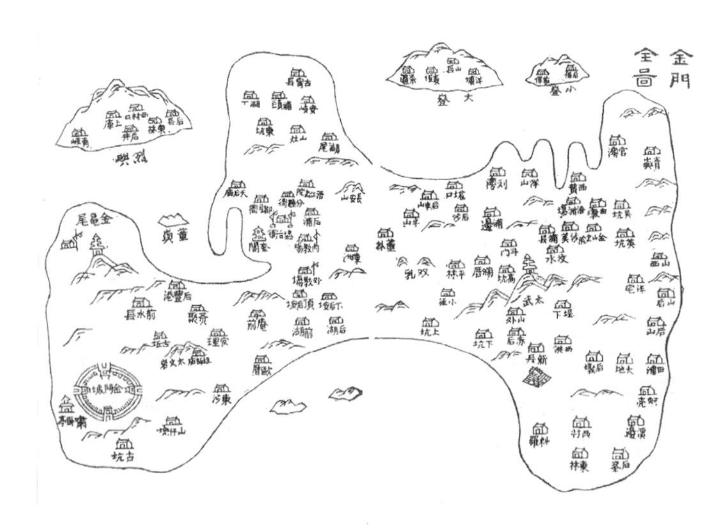


附圖十一：清《金門志》附圖中的金門所城（見左下角處）。

附圖十二：今日金門陳坑一帶風光，筆者攝。

附圖十三：朱紈像，引自《甓餘雜集》。

# 明代海防指導者方鳴謙之初探*

## 前　　言

明帝國剛值建立不久，元末群雄張士誠和方國珍的餘黨，就勾結日本倭人侵犯沿海剽掠百姓，[1]而為此事苦惱的洪武帝，得悉將領方鳴謙熟悉海上的事務，遂召來詢問因應的對策。針對此，方提出如下的主張：「倭海上來，則海上備之爾。若量地遠近，置指揮衛、若（干）千戶所，陸聚巡（檢）司弓

---

* 本文除註 19 和 29 中的卷碼誤植已更正外，附圖四的「明代福建沿海衛所水寨分佈示意圖」，原先發表於《止善學報》第 12 期時圖像亦較為清淡，今將該圖重新整理塗彩，以方便讀者閱讀和辨識，特此說明。

1 明初時「倭寇」的組成份子，包括有日本的海盜和中國的海賊，而中國海賊成員主要是來自元末群雄張士誠和方國珍的餘黨。因為，張、方二人被洪武帝朱元璋擊潰後，其部分的徒眾逃亡海上，繼續和明政府為敵，甚至勾結、引導倭人入犯沿海，剽掠百姓。見谷應泰，《明史紀事本末》（臺北市：三民書局，1956 年），卷 55，〈沿海倭亂〉，頁 585 及 588。

兵，水具戰船，砦壘錯落，倭無所得入海門，入亦無所得，傅岸魚肉之矣」，[2]上述的海防見解和對付倭寇的主張，被視為是有明一代海防佈署的重要指導原則。方鳴謙，係元末群雄方國珍的姪子，本人嫻熟海事，時任衛所指揮僉事一職，他在明帝國初期架構海防理論和擘造海防措施上面，扮演著一個相當關鍵性的角色。雖然，先前明代海防相關的著作，例如大陸駐閩海軍編纂室的《福建海防史》（廈門市：廈門大學出版社，1990年）、黃中青的《明代海防的水寨與遊兵：浙閩粵沿海島嶼防衛的建置與解體》（宜蘭縣：學書獎助基金，2001 年）和盧建一的《明清海疆政策與東南海島研究》（福州市：福建人民出版社，2011 年）……諸書，曾對方鳴謙海防理論做過重點性的介紹。[3]然而，據筆者目前所知，學界似乎未曾對方氏個人

---

[2] 談遷，《國榷附北游錄》（臺北市：鼎文書局，1978 年），卷 8，頁 661。附帶一提的是，筆者為使文章前後語意更為清晰，以方便讀者閱讀，有時會在引用文句中加入文字，並用符號（）加以括圈，例如上文的「若（干）千戶所」。特此說明。

[3] 學界有關方鳴謙海防理論的介紹，大致如下。首先是，大陸駐閩海軍編纂室所編的《福建海防史》，該書曾引《明史》〈湯和〉傳，認為方的建言：「倭海上來，則海上禦之耳。請量地遠近置衛、所，陸聚步兵，水具戰艦，則倭不得入，入亦不得傅岸，近海民四丁籍一，以為軍戍守之，可無煩客兵也」，此豐富海防理論、強化海防建設，並指導當時的抗倭禦寇，有著十分重要的意義。見該書（廈門市：廈門大學出版社，1990 年），頁 46-47。其次是，黃中青的《明代海防的水寨與遊兵：浙閩粵沿海島嶼防衛的建置與解體》，該書認為方氏上述的主張，為明帝國往後的海防體制規劃了基本藍圖，亦即「陸聚兵，水具戰艦」，分海上和陸上兩方面來做防禦，駕駛戰艦的水軍先將來犯的倭寇殲滅於海上，若疏忽致其登岸的倭寇，則交由陸上武力衛、所、巡檢司

做過專論性的研究，故一般人對其生平事蹟及其影響，感到十分地陌生。此外，亦因十年前筆者曾在拙著《浯嶼水寨：一個明代閩海水師重鎮的觀察》中，對方氏的海防主張及其部分事蹟，做過簡略的說明；[4]同時，又因其主張影響明代海防的發展至為深遠，對此一謎樣的人物，筆者遂不間斷地對其相關資料，包括網路上的傳聞……等，進行蒐集的工作。然而，因方氏留存的史料實在稀少，致蒐羅的成果十分地有限，故目前僅能就個人所掌握到的，對方氏的「背景際遇」、「海防主張」和「兩浙築城的事蹟及其傳聞」三個重要的項目，來進行初步的論述和分析。最後，因筆者囿於個人學養，文中若有乖謬不足處，祈請學界先進批評指正之。

## 一、方鳴謙的背景際遇

首先，在探討方鳴謙的海防思惟及其影響之前，先來介紹方鳴謙這個謎樣的人物。方鳴謙，一名明謙，字德讓，浙江台

負責勦滅，海、陸兵力相互策應，構成兩道的防線，以達保衛沿海的目的。請參見該書（宜蘭縣：學書獎助基金，2001 年），頁 23-26。最末是，大陸學者盧建一的《明清海疆政策與東南海島研究》，該書指出洪武帝採納上述方氏的建言，且委派其隨同湯和前往沿海，籌劃海防事宜，並形成了明初「水陸兼備」、「近海殲敵」的海防政策。見該書（福州市：福建人民出版社，2011 年），頁 24-25。

4 請參見何孟興，《浯嶼水寨：一個明代閩海水師重鎮的觀察》（臺北市：蘭臺出版社，2002 年），頁 50-52。

州府黃巖縣的洋嶼人（參見附圖一：明代前期黃巖縣的洋嶼。），方國珍弟國珉之子，元末時，隨其父伯投降於朱元璋。史載，「方國珍，黃巖人。長身黑面，體白如瓠，力逐奔馬，世以販鹽浮海為業」，[5]元末天下動亂時，國珍與兄國璋、弟國瑛、國珉等人亡命海中，聚眾數千人，行劫船隻，梗阻海道，橫霸一方。朱元璋建國後，國珍兄弟繼續倡亂海上，有司憚於用兵，一意用心招撫，國珍雖既授官，卻據有慶元、溫州、台州之地，益強而不可制。吳元年（1367）時，朱元璋命參政朱亮祖率師攻取台州、溫州二地，又派遣征南將軍湯和以大軍攻伐，[6]長驅直抵慶元，「國珍走入海，追擊敗之，獲其大帥二人、海舟二十五艘，斬馘無算，還定諸屬城」。[7]後來，湯和遣使前往招撫，國珍遂率其兄弟和徒眾二萬四千人、海船四百餘艘，前來湯和營帳前投降。之後，國珍被送往應天（今日江蘇南京市），朱元璋授予廣西行省左丞一職，食祿不之官，數歲，卒於京師。至於，鳴謙則疑於此時，隨其父伯歸降於湯和，後來，被明政府收編成為衛、所的將領。清人陳鍾英等人纂修的《黃巖縣志》，曾載道：

---

[5] 張其昀編校，《明史》（臺北市：國防研究院，1963 年），卷 123，〈方國珍〉，頁 1570。

[6] 湯和，字鼎臣，濠人，與朱元璋同里閈，明代開國功臣，封信國公。卒時，追封東甌王，諡襄武。

[7] 張其昀編校，《明史》，卷 126，〈湯和〉，頁 1602。

> 方鳴謙，字德讓，國珉子。洪武初，授明威將軍，廣洋衛親軍指揮僉事。[8]

由上可知，早在太祖洪武初年時，鳴謙已被封為明威將軍，並授予廣洋衛指揮僉事一職，而其堂兄弟明禮（國珍子），亦被朝廷封為宣武將軍，出任廣洋衛指揮使，[9]擔任該衛的指揮官。鳴謙、明禮兄弟獲此優遇，當和國珍率軍歸降有直接的關係，而且，不僅只有謙、禮二人而已，國珍其餘諸子尚有他人被授予官職。[10]至於，鳴謙兄弟等人任職的廣洋衛，疑似方氏家族世襲的衛所，係衛戍首都南京的親軍部隊，隸屬於五軍都督府的中軍都督府。明初時，中軍都督府轄下負責京師戍衛工作的，除了廣洋衛外，尚有和陽、神策和應天……等衛，但至成祖永樂十八年（1420）時，隨著明國都北遷後，上述戍防京城的諸衛，亦跟著被調往了北京。[11]而值得一提的是，洪武十八

---

8 陳鍾英等修，《黃巖縣志》（臺北市：成文出版社，1975 年），卷 16，〈選舉・武秩〉，頁 13。

9 有關方明禮的生平事跡，詳如下：「方明禮，字德庭，國珍子。宣武將軍，廣洋衛親軍指揮使，好學有文，尤善吟咏，世所傳方小指揮詩，皆明禮作也」。見陳鍾英等修《黃巖縣志》，卷 16，〈選舉・武秩〉，頁 13。

10 關於方國珍諸子的情況，張其昀編校的《明史》，曾載道：「（國珍）子禮，官廣洋衛指揮僉事；關，虎賁衛千戶所鎮撫。關弟行，字明敏，善詩，承旨宋濂嘗稱之」（見該書卷 123，〈方國珍〉，頁 1571。），文中的方關，即方國珍的次子方明完，被授予虎賁衛千戶所鎮撫。至於，被授予廣洋衛指揮僉事的方禮，是否為前文所提的方明禮，目前史料闕如，難以斷定。

11 請參見同註 5，卷 90，〈兵二・衛所・班軍〉，頁 943 和 944。

年（1385）時，方鳴謙曾因宿衛宮禁著有勞蹟，獲洪武帝賜贈名駒五花馬，為此，浙江同鄉的方孝孺（籍貫台州寧海），受邀撰文〈御賜廣揚衛方指揮明謙五花名馬詩序〉以紀念之，其文如下：

> 洪武十八年秋九月，廣揚衛指揮臣方某[按：即方鳴謙]有宿衛勞，（洪武帝）出內廄五花馬賜之，在廷羣臣咸咨嗟感激，或發乎詠歌宣侈上恩，以為方氏光榮。是歲，廣揚季弟以事還台（州），謂人喜曰：「吾昆弟無分寸功，上[即洪武帝]以先人[指方國珍]故，官之，祿之，置之左右，比諸心膂舊臣，天地之德念無以報，而今重有此賜，顧吾兄弟其何以堪？」乃傳言山中俾某[即方孝孺]，為之序其事，以示子孫於無窮。[12]

上文中曾提及，邀其撰文的鳴謙之弟曾語及，[13]朝廷十分地厚待他們兄弟，不僅提供了官職和俸祿，還以重臣相待置之左右，而且，他們無大功勞，又獲君主賞賜名駒，令其感動惶恐無以為報。此其中，便透露了兩個重要訊息，一是洪武帝給方

12 方孝孺，《遜志齋集》（臺北市：中華書局，1981 年），卷 13，〈御賜廣揚衛方指揮明謙五花名馬詩序〉，頁 16。附帶一提的是，文中出現“[按：即方鳴謙]”者，係筆者所加的按語，本文以下內容若再出現按語，則省略為“[即洪武帝]”，特此說明。

13 上文中的「廣揚季弟」，疑為時任廣洋衛指揮使的方明禮。明禮認為，洪武帝賞賜五花馬給鳴謙，係屬莫大的恩寵，遂乘由南京返鄉台州之便，請同鄉的方孝孺為此盛事撰文紀念。

氏兄弟優渥的待遇和特別的賞賜，當與方國珍有關，上文「吾昆弟無分寸功，上以先人故，官之，祿之，置之左右，比諸心膂舊臣」，即是證明。二是洪武帝對方鳴謙個人頗為賞識，故慷慨以宮中內廏珍貴的五花馬賜之，此一厚禮，亦令朝中群臣稱羨不已，認為是無上的恩澤和光榮。至於，洪武帝召見方氏廷問海防對策，是否和此次的賞賜一事有所關聯，因目前無相關史料可資推斷，筆者故不在此做進一步的臆測。

## 二、方鳴謙的海防主張

前節已對方鳴謙的背景際遇做過說明，接下來要談的是，方的海防主張及其影響究竟為何。根據史料所載，方會提出海防主張，主要係起因於洪武帝的召見入宮，詢問海防利弊有關之對策。至於，洪武帝會召見方，除其本人獲洪武帝的賞識外，應和方的特殊出身背景，有著直接的關聯。關於此，明人瞿汝說編輯的《皇明臣略纂聞》卷之二〈籌〉，曾載道：

> 太祖皇帝[即洪武帝]召指揮方鳴謙，廷問曰：「爾家世出入海島為生，今既歸降，可歷陳海防利弊，以效爾忠」。鳴謙對曰：「但於沿海六十里設一軍衛，三十里設一守禦千戶所，又錯間巡檢司以民兵策應，復於海洋三大山設水寨戰船，兵可無虞」。上曰：「兵於何取？」對曰：「自兵興以來，軍強民弱，民皆樂於為兵，但於民

間四丁抽一；倘有不足，則於舊時偽將原所報，募兵訪充無不足者」。[14]

由上可知，「爾家世出入海島為生，今既歸降，可歷陳海防利弊，以效爾忠」，洪武帝深知方國珍家族早先海上活動的特殊背景，故特別召見方鳴謙，於廷上詢問海防對策。此時，方建議洪武帝，於沿海每六十里設立一個軍衛，三十里處即設一個守禦千戶所，並在衛和千戶所縫隙間增設巡檢司，[15]佈署民兵用以策應衛、所，另外，並於海洋三大山處設立水寨、佈署戰船，[16]如此，便可無虞。至於，兵源的部分，方認為，元末兵興以來，軍強民弱，民皆樂於為兵，可於百姓民戶中有四男丁者，抽一人為兵，納編入衛、所軍籍；倘若有不足，則另於元末群雄降兵處，探訪招募之。另外，明人談遷在《國榷》書中，亦提及洪武帝和方鳴謙有關海防對策的談話，茲將其內容摘錄

---

14 瞿汝說輯：《皇明臣略纂聞》（北京市：書目文獻出版社，出版年不詳），卷之2，〈籌〉，頁2。

15 明開國時，即承襲元制，設有巡檢司。巡檢司，長官謂之「巡檢」，隸屬於各地的府、州、縣所管轄。巡檢司的兵丁亦不同於一般衛、所軍兵，稱為「弓兵」，「哨探盤詰，治安捕盜」是他們的主要工作。至於，弓兵的員額編制，視各個巡檢司的情況而人數多寡不等，以明代的金門島為例，明初時，共設有四個巡檢司－即官澳、田浦、峯上和陳坑，皆置有弓兵一百名，歸泉州府同安縣轄管。

16 文中的「海洋三大山」，究竟係何處，待考。因為，方鳴謙係浙江台州人，早年隨其父、伯在浙海活動，降明後，又任職京師親軍部隊的廣洋衛，故以其地緣關係來看，此處的「海洋三大山」，應在浙江或直隸境內的可能性較高，而非福建境內的海上三山－－即海壇、澎湖和南澳三島。

於下：

> 初，倭寇浙東太倉衛。指揮僉事方鳴謙，故（方）谷珍[即方國珍]從子，習海事。上[即洪武帝]問以海事，對曰：「倭海上來，則海上備之爾。若量地遠近，置指揮衛、若（干）千戶所，陸聚巡（檢）司弓兵，水具戰船，砦[通「寨」字]壘錯落，倭無所得入海門，入亦無所得，傅岸魚肉之矣」。上曰：「然于何籍軍」？對曰：「兵興以來，軍勁民朒，民無所不樂為軍，若四民籍一軍，皆樂為軍也」。[17]

上文指出，方會提出海防的見解和對付倭寇的主張，實肇因於倭人寇擾浙江東部的太倉衛，洪武帝為此苦惱，值悉時任指揮僉事的方熟知海上事務，遂召其入宮問謀對策，方遂提出三個重要的論點，一是「倭自海上來，則在海上備禦之」，就是對付倭犯的兵力佈防重點，是在「海上」而非「陸地」，亦即在沿海構築防線，包括在岸上佈署衛、所、巡檢司，在海中佈署水寨兵船，[18]讓明軍在「海上」去迎擊由「海上」入犯的倭人。

---

17　談遷，《國榷附北游錄》，卷 8，頁 661。上述文句「若（干）千戶所」括弧中的「干」字，係筆者疑原書有缺漏字而自行補上者，特此說明。至於，文中的千戶所係指守禦千戶所，而非各衛轄下的千戶所。其次，文中的「水具戰船，砦壘錯落」，係指海上佈署戰船，設立水寨一事。另外，文中的「朒」，即縮小、不足之意。

18　所謂的「水寨」，即沿海水師的兵船基地。明時，在福建邊海共設有五座水寨，由北而南依序為福寧的烽火門水寨、福州的小埕水寨、興化的南日水寨、泉二是「量地遠近置衛、所，陸聚巡司弓兵，水具戰船，砦壘錯落，倭無所得入海門，入亦無所得，傅岸魚肉之矣」。亦即每於沿海適當的距離處，在岸上設立軍衛、守禦千戶所和巡檢司，在海中佈署水寨和兵船，碁布錯落其間，讓入犯的倭寇無法隨意登岸，縱能夠登岸，亦無法隨意地劫掠百姓。三、「沿海民戶四丁抽一人，編入軍籍，以防倭犯」，則是主張由沿海民戶家中有四丁者，抽調一人編入軍籍，用以戍守上述新設的衛、所及其堡城。其中，第二項和第三項的部分內容，和瞿汝說《皇》書所載的大致上相同，而第二項「陸地設置衛、所、巡司弓兵，海上佈署戰船，設立水寨」的目的，主要是欲達到「倭不得入海門，入亦不得登陸靠岸」的戰略目標。吾人若綜觀上述的見解，「倭自海上來，則在海上備禦之」，是方氏海防思惟的主要核心。第二項的「陸地設置衛、所、巡司，海上設置水寨、戰船」，是其海防佈署的主要內容。第三項的「民戶四丁抽一以為軍」，是其海防兵力的主要來源。至於，「倭不得入海門，入亦不得傅岸」，是其海防戮力的主要目標。

方鳴謙上述的海防主張，洪武帝個人深表贊同，而且，決意付諸實施，[19]亦因如此，方氏上述的主張，被後人視為是明

州的浯嶼水寨和漳州的銅山水寨，明、清史書常稱其為福建「五寨」或「五水寨」。五水寨創設於明代前期，起初僅有烽火門、南日、浯嶼三寨，代宗景泰時增設小埕、銅山而為五。請參見何孟興，《浯嶼水寨：一個明代閩海水師重鎮的觀察（修訂版）》（臺北市：蘭臺出版社，2006 年），頁 11-28。

19 請參見張其昀編校，《明史》，卷 126，頁 1603；夏燮，《明通鑒》（長沙市：

代海防措施的指導原則。因為，在此之前，明帝國對付倭寇的方式，僅是派遣將領率領兵船於海上巡捕而已，例如洪武三年（1370）六月，倭寇先犯山東，轉掠浙江，再寇擾福建沿海的郡縣，「福州衛出軍捕之，獲倭船一十三艘，擒三百餘人」。[20]又如六年（1373）時，洪武帝派遣靖海侯吳禎充任總兵官，「領廣洋、江陰、橫海、水軍四衛兵，京衛及沿海諸衛軍，悉聽節制。每春，以舟師出海，分路防倭，迄秋乃還」，[21]期間並無一套海防佈署的中心思惟，且缺乏完整、周密的禦敵計劃，至此，才有了重大的改變。清人陳壽祺在《福建通志》卷八十六〈海防・歷代守禦〉中，便曾指道：

> 倭寇上海，帝[即洪武帝]患之，顧謂湯和曰：「卿雖老，強為朕一行」。和請與方鳴謙俱。鳴謙，國珍子也，習海事，常訪以禦倭策。鳴謙曰：「倭海上來，則海上禦之耳。請量地遠近，置衛、所，陸聚步兵，水具戰艦，則倭不得入，入亦不得傅岸，近海民四丁籍一，以為軍戍守之，可無煩客兵也」。帝以為然。案，明初備倭，衹於海上巡捕。至此，始量地遠近，置衛築城，水陸設

岳麓書社，1999年），卷9，〈紀九〉，頁327。

20 中央研究院歷史語言研究所校，《明實錄》（臺北市：中央研究院歷史語言研究所，1962年），〈明太祖實錄〉，卷53，頁12。

21 張其昀編校，《明史》，卷91，〈兵三・海防〉，頁956。

防。嗣是，江夏侯[即周德興]、信國公[即湯和]遞有增置，法制周詳。嗚謙數語，實發其端為海防要策也。[22]

陳認為，方氏的海防主張，影響明帝國十分地深遠，「嗚謙數語，實發其端為海防要策也」。同時，亦因洪武帝贊許方氏的主張，遂於洪武十九年（1386）時，下令信國公湯和（參見附圖二：信國公湯和像。）與江夏侯周德興二人，根據上述的佈防原則，往赴東南邊海推行之，同時，湯和亦向洪武帝請准，讓方嗚謙隨行前往兩浙沿海，協助其推動海防建設的工作。

至於，周德興則於洪武二十年（1387）抵達福建後，[23]除進行沿海島嶼實施「墟地徙民」的措置外，並針對倭寇侵擾的問題，著手大舉推動按籍抽丁、移置衛所、增設巡檢司和練兵築城……等一連串的海防建設。主要的內容，包括有強制福建濱海的福州、興化、漳州和泉州等四府的百姓民戶，每戶男丁三者抽一人納入軍籍，共徵得丁壯一五,○○○餘人，充為沿海諸衛、所軍的戍兵。周並且在相視沿海地理形勢後，除了移置原有的衛、所至沿海要害處外，更在此築造十六座的堡城，並且，另增設了四十五處的巡檢司。[24]尤其是，上述衛、所、

22 陳壽祺，《福建通志》（臺北市：華文書局，1968 年），卷 86，〈海防・歷代守禦〉，頁 34。

23 周德興，濠人，與朱元璋同里閈，明代開國功臣，封江夏侯，後因其子亂法，慘遭連坐誅死。

24 請參見中央研究院歷史語言研究所校，《明實錄》，〈明太祖實錄〉，卷 181，頁 3。有關周德興在福建沿海要害處築城十六座的記載，屢見於史傳，如談遷的

巡司築城地點的選擇，係經周本人相視地理形勢後才作決定的，[25]例如今日金門舊金城的南方，猶存有明初時古蹟「文臺寶塔」（附圖三：明代金門千戶所城遺跡南面的「文臺寶塔」像。），相傳該塔便是周在建造金門千戶所城時，衡度該地水陸形勢時所建造的。[26]不僅如此，周還為慎重起見，並將沿海築城的地點繪製成圖，並進呈給遠在京師的洪武帝審覽，此不僅可看出，洪武帝對此次推動海防工作的重視程度，亦可間接證明，其欲徹底解決倭寇侵擾邊海的決心。此外，周又在閩海岸島上設立水師的兵船基地－－「水寨」，藉由水寨兵船負責海中巡防「哨守於外」，和陸地岸上的衛、所、巡檢司相為表裏，「衛、所、巡（檢）司以控賊於陸，水寨防之於海，則知巡（檢）司衙門雖小，而與水寨同時建設，所以聯絡聲勢，保障居民」，[27]形成陸地和海中的兩道防線，共同肩負福建海防的重責大任（參見附圖四：明代福建沿海衛所水寨分佈示意圖。），藉以實現方鳴謙所謂「倭不得入海門，入亦不得傅岸」

---

《國榷附北游錄》（見卷 8，頁 669。）、張其昀編校的《明史》（見卷 91，〈兵三・海防〉，頁 956。）……諸書。

[25] 請參見中央研究院歷史語言研究所校，《明實錄》，〈明太祖實錄〉，卷 181，頁 3。

[26] 請參見財團法人金門縣史蹟維護基金會，《金門人文丰采：金門國家人文史蹟調查》（金門縣：內政部營建署暨所屬單位員工消費合作社金門分社，2001 年），頁 35。

[27] 懷蔭布，《泉州府誌》（臺南市：登文印刷局，1964 年），卷之 24，〈軍制・巡檢弓兵〉，頁 38。

的海防主要目標。至於，周本人則駐留閩地，共計有三年餘，對於福建海防的構築工作，可謂厥功甚偉，堪稱是「明代福建海防的擘造者」。

## 三、方鳴謙兩浙築城的事蹟及其傳聞

前已提及，湯和和方鳴謙往赴推動海防建設的地區，主要是兩浙的沿海，所謂的「兩浙」係包括今日長江以南的江蘇省和浙江省全境，而兩浙沿海主要是指明時直隸的松江、蘇州二府，以及浙江境內的嘉興、寧波、台州、溫州等府（參見附圖五：方鳴謙兩浙沿海築城示意圖。）。因為，明帝國的京師（即今日南京市）位處直隸應天府，為全國政治的神經中樞，而且，該地又距海不遠，加上，江南又是政府重要財賦之區，至於，浙江則位處直隸東南方，係拱衛京畿的前線要地，加上，該地倭犯問題又甚為嚴重，兩浙關係明帝國海防之安危至為重大，洪武帝遂派遣湯和，此一熟悉東南邊海的元老重臣，[28]前往執行此一重大的任務，而且，由上段正引文中所載，洪武帝拜託湯和幫忙，「卿雖老，強為朕一行」，協助其擘建兩浙海防，即

28 湯和因元末征戰之故，對兩浙、福建有相當程度的瞭解。前已提及，吳元年時，湯和與副將吳禎曾率大軍東進，攻克慶元，方國珍投降，悉定浙東之地。之後，又於洪武元年時，湯和與副將廖永忠討伐陳友定，舟師亦自浙江寧波出發，由海道乘風抵達閩江口的五虎門，駐軍南臺後，隨即進陷福州城，接著，又分兵掃蕩興化、漳州、泉州及福寧等地，進拔延平，陳友定被逮，送回京師，八閩遂悉平定。

可知其甚重視此事。

湯和在抵達兩浙沿海後，便依方氏先前所提的佈防主張，加以斟酌付諸實施。史載，「湯和至浙，請于浙之東、西置衛、所防倭，上[指洪武帝]令悉以便宜行之，和乃度浙東、西併海設衛、所城五十有九，選丁壯三萬五千人築之」。[29]關於此，湯和的奏章亦言道：

> 寧海[字倒反，應「海寧」]、臨山……諸衛濱海之地，見築五十九城，籍紹興……等府民四丁以上者，以一丁為戍兵，凡得兵五萬八千七百五十餘人。[30]

由上可知，湯和在兩浙擘建海防時，曾動員了丁壯三萬五千人，構築海寧、臨山……等衛、所堡城五十九座，而且，還強制紹興……等府民戶家有四丁以上者，必出一丁編入衛、所軍籍，共得戍兵五萬八千七百五十餘人。另外，史籍《平泉志牘》亦有以下的記載：

---

29 夏燮，《明通鑒》，卷 9，〈紀九〉，頁 329。

30 中央研究院歷史語言研究所校，《明實錄》，〈明太祖實錄〉，卷 187，頁 2。此事載於《明實錄》〈洪武二十年十一月己丑〉條下，文中並稱「先是（湯）和往浙西沿海築城，籍兵戍守，以防倭寇。至是，事畢，還奏之」，由此觀之，此時湯和已完成任務返回。至於，文中的海寧衛，地在浙江嘉興府，下轄有乍浦、澉浦二守禦千戶所；臨山衛，地在浙江紹興府，下轄有三山、瀝海二守禦千戶所。請參見胡宗憲，《籌海圖編》（臺北市：臺灣商務印書館，1983 年），卷 5，頁 12。

（湯）和乃度地於浙西、東並海，設衛、所五十有九，踰年而城成，浙東民四丁以上者戶取一丁，凡得五萬八千七百餘人【《明史》湯和傳】。秦［誤字，應「袁」］御史凱有〈和方指揮海上築城歌〉，今沿海海門、松門、新河等城，皆襄武[即湯和]督建而（方）鳴謙所營度者也。[31]

上文指出，湯和在兩浙擘建海防時，曾動員丁壯構築衛、所堡城，強制浙東民戶四丁出一編入軍籍，用以屯戍衛、所以及新建的堡城，這其中，包括有方鳴謙故鄉台州府境內的海門（設有海門衛）、松門（設有松門衛）、新河（設有新河守禦千戶所）……等城皆屬之（參見附圖五：方鳴謙兩浙沿海築城示意圖。），其中，新河千戶所係歸海門衛管轄，[32]這些堡城都是在湯、方二人手中完成的，而且，相信由湯、方所擘建的堡城，數量一定還不止如此而已。時任御史一職的袁凱，[33]還曾為方

---

[31] 引自陳鍾英等修《黃巖縣志》，卷 21，〈人物・一行〉，頁 7。文中“【】”內的文字，係書中的原註，特此說明。

[32] 海門衛，下轄有新河、桃渚、健跳和海門前等四個守禦千戶所。松門衛，則下轄有楚門和隘頑守禦千戶所。請參見胡宗憲，《籌海圖編》，卷 5，頁 10 和 11。

[33] 有關袁凱的生平事蹟，如下：「袁凱，字景文，華亭人，長身古貌，言議英發，尤工詩，嘗以白燕詩得名，時號『袁白燕』。洪武三年，以布衣召拜御史，以疾歸。上[即洪武帝]疑之，命使覘凱，凱佯狂，對使者唱月兒高一曲而退。後，徙居呂巷數年，著《在野集》」。見龔寶琦修，《金山縣志》（臺北市：成文出版社，1989 年），卷 27，〈游寓傳〉，頁 11。

海上築城一事，賦詩〈次方明謙指揮海上築城韻〉二首以為紀念，詩云：

> 城堞遙連北斗斜，島夷從此識中華。諸侯幙府多春酒，
> 上將歌謠雜暮笳。別去幾時還下榻，興來何日欲乘槎。
> 為報安期頭白盡，更煩重覓棗如瓜。
> 旗影翩翩整復斜，中天星月動光華。千群貔虎方屯戍，
> 萬里魚龍聽鼓笳。聖主自多開國老，小夷休恃上天槎。
> 卻煩上將頻思念，時問東門二畝瓜。[34]

袁凱是直隸松江府華亭縣人，方氏所築的金山衛城便在此縣境內，上述詩中所提及的內容當係有憑據，史載，「《袁海叟[即袁凱]集》有和方鳴謙指揮海上築城詩，鳴謙，國珍從子，習海事，信國公薦與俱行，則海上築城其即此衛城[指金山衛城]歟？且海叟嘗寓居璜溪，海上事固其所宜知也」，[35]亦可為此做一旁證。

除此之外，今日民間亦流傳著方鳴謙築城的故事，說他當時指揮浙江的湖州、嘉興二府，以及直隸的蘇州、松江二府幾萬個民眾，先後督造了寶山、南匯、奉賢、金山、乍浦、……

---

34 常琬修，《金山縣志》(臺北市：成文出版社，1983 年)，卷之 19，〈藝文一〉，頁 13。文中的「幙」，通「幕」字；至於，「上將」則是指信國公湯和。

35 同前註，卷之 1，〈建置〉，頁 3。文中的璜溪，係洪武時御史袁凱的寓居處，袁曾撰有〈璜溪寓所〉詩，請參見同上書，卷之 19，〈藝文一〉，頁 14。

等堡城（參見附圖五：方鳴謙兩浙沿海築城示意圖。），[36]而其中，最為人所樂道者，即位在直隸東南海角的金山衛城（參見附圖六：金山衛的「海塘圖」。），[37]據清人龔寶琦所修的《金山縣志》載稱，該城係「前明築以防海，史稱太祖沿海建衛、所城五十九，此其一也。信國公湯和經其始，安慶侯仇成董其成，洪武十九年工竣，俗以方鳴謙督造，故稱『方城』。」。[38]上文認為，金山衛城稱為「方城」，係源自方鳴謙的姓氏，但是，民間的傳說「方大老爺築城」中，卻認為係因該城之形狀而來，指該城四周方正各約三里，雖然，清代所修的《金山縣志》並未述及此，[39]但是，此說拿來比對清時的地圖（參見附圖七：

36 請參見〈【民族英雄】明威將軍方鳴謙：方大老爺築城〉，http://tieba.baidu.com/f？kz＝217521733。上文中的堡城，除了乍浦位在浙江境內，其餘的寶山、金山、南匯、奉賢皆在直隸境內。其中，寶山隸屬於蘇州府，設有守禦千戶所。金、南、奉三堡城皆在松江府境內，金、南各設有金山衛和南匯嘴中後守禦千戶所。

37 金山衛城，位在松江府華亭縣海邊。金山衛，設置目的在監控直隸東南邊海的動態，該衛曾下領有六個千戶所，但是，千戶所的數目和駐防地卻多所更動。例如嘉靖中晚期時，金山衛城僅有左、右、前三所屯守，後所已調往柘林鎮堡城，中所調守松江府城，中前所調守青村城，中後所則調守南匯城。請參見胡宗憲，《籌海圖編》，卷6，頁9。

38 龔寶琦修，《金山縣志》，卷7，〈建置志上〉，頁2。文中的安慶侯仇成，亦為洪武時的開國功臣。史載，洪武十九年時，朝廷命安慶侯等人召集湖州、嘉興、蘇州和松江的府、衛軍民，用土築建金山衛城。請參見常琬修，《金山縣志》，卷之2，〈城池〉，頁1。

39 據筆者所知，關於金山衛城的說法，清代刊刻的《金山縣志》包括常琬修的乾隆十六年刊本，以及龔寶琦所修的光緒四年刊本，皆未述及明初時衛城的周圍長、寬數額。以常琬的版本為例，僅載稱如下：「（金山衛）城：北拱（松金山衛的「衛城圖」。），金山衛城「方正」之說似有憑據。另外，該傳說還提及到，方氏又於該城的東南和東北方不遠處，各築了乍浦和柘林兩座的堡城，[40]前者城的形狀為圓型，後者則為長型，故後人便以金山、乍浦和柘林三個堡城「方、圓、長」的外表形狀特徵，幫方氏取個外號叫「方圓長」。[41]甚至，民間還傳言，上述堡城即將完工之時，朝中與方有隙之人，誣詆方氏在金山衛築建方型的堡城，暗藏謀反之心。為此，朝廷特派人來金山視察，回去亦奏稱，紫禁方城，聖主所定，方氏以己姓為「方」，遂築城成方型，城中心的定盤石亦是「方」的，三「方」必謀皇！洪武帝遂將方氏革職，並予以處斬。不久，倭寇進犯乍浦，後為明政府來援的部隊所破，方氏築建堡城亦在此役中起了作用，此讓洪武帝恍然醒悟前失，遂在築城後第二年，下旨在金山衛城內建造了城隍廟，蔭封方為江浙丙靈公，成金山衛的城隍。時至今日，金山城隍廟的香火依然鼎盛不已，每年農曆清明節、七月半和十月初一時，上海、寧波、杭州的民眾常會來金山衛，參加為期三天熱鬧的廟會活動，來

---

江）府治，南俯大海，西連乍浦，東接青村，周迴一十二里三百步有奇，（城）高二丈八尺，陸門四，水門一，唯北有之，門樓四，東曰瞻陽，西曰……，角樓四，腰樓八，敵樓八，間以箭樓凡四十八，雉堞三千六百七十有八」。見該書，卷之2，〈城池〉，頁1。

40 乍浦，位在金山衛城東南不遠處，地隸浙江嘉興府境內，明時設有守禦千戶所。柘林，則在金山衛城東北不遠處，地處直隸松江府境內。

41 請參見〈【民族英雄】明威將軍方鳴謙：方大老爺築城〉，http://tieba.baidu.com/f?kz=217521733。

紀念這位築城防倭的有功之臣－－「方大老爺」。[42]關於上述方被誣陷遭害的民間傳聞，其真實性究竟如何，因目前未能覓得方氏的有關文獻史料，故無法做進一步的推斷或評論。

# 結　　語

方鳴謙，浙江台州府黃巖縣人，元末群雄方國珍姪子，元末時，隨其父伯投降於朱元璋，後被明政府收編成為衛、所的將領，且早在洪武初年時，方已被封為明威將軍，並授予廣洋衛指揮僉事一職，其堂兄弟明禮（國珍子），亦被朝廷封為宣武將軍，擔任廣洋衛的指揮使，國珍其餘諸子亦多被授予官職，鳴、明等人獲此優遇，當和國珍率軍歸降有直接的關係。至於，鳴謙兄弟等人任職的廣洋衛，疑似方氏家族世襲的衛所，係衛戍首都南京的親軍部隊，隸屬於五軍都督府的中軍都督府。洪武十八年（1385）時，方還曾因宿衛宮禁著有勞蹟，獲洪武帝賜贈宮中內廄的五花馬，此事亦讓朝臣稱羨不已。

明初時，因倭寇為患沿海，洪武帝一開始僅遣將率領兵船出海巡捕，並無一套完整的海防佈署計劃，直至召來方鳴謙詢問對策後，才有了重大的改變。方會被洪武帝召見詢問海防對策，主要的原因有二：一是方本人頗獲洪武帝的賞識，前已提

42 以上的內容，請參見同前註。

及，方嘗因宿衛宮禁有功勞，而獲賜五花名駒，即是一明証。二是與方個人的出身背景，嫻熟海上事務，有著直接的關聯。至於，方所提出的海防主張，其戰略思惟的主要核心是「倭自海上來，則在海上備禦之」，就是對付倭寇佈防重點應在海上而非陸地，主張於岸上佈署衛、所和巡司，海中佈署水寨和兵船，亦即在海上構築一道的防線，來迎擊由海上入犯的倭人，此亦是方氏所提的海防佈署內容——「量地遠近置衛、所，陸聚巡司弓兵，水具戰船，砦壘錯落」的主要因由。另外，方又提出「民戶四丁抽一為軍」，用以屯守新設的衛、所及其堡城，做為海防兵力的主要來源。同時，亦因沿海的衛、所、巡司、水寨兵船碁布錯落，讓倭寇無法隨意登岸劫掠，達到「倭不得入海門，入亦不得傅岸」的海防主要目標。方氏上述的主張，被後人視為是有明一代海防重要的指導原則。

因為，方鳴謙的海防主張，洪武帝深表贊同，且決意付諸實施，遂派遣信國公湯和與江夏侯周德興二人，根據此一主張，各往赴兩浙和福建的邊海推行之。此時的方，亦隨湯前往兩浙沿海，協助其推動海防的工作。湯、方抵達後，曾動員丁壯三萬五千人，構築海寧、臨山等衛、所堡城五十九座，並還強制沿海等府民戶四丁必出一人編入軍籍，共徵得戍兵五萬八千餘人，用以屯守上述新設的衛、所及其堡城，目前所知，包括如海門衛城、松門衛城、新河守禦千戶所城，都由湯、方二人所營建的。甚至，今日民間還流傳著，方鳴謙指揮兩浙民眾建造金山、乍浦、柘林……等堡城的故事，其中，還言及，方因督造金山衛城惹禍上身，遭奸人詆譭而被革職處決，後來，被洪武帝封為神明，成為金山衛的城隍爺－－「方大老爺」，至今，金山的城隍廟香火依然鼎盛，尤其是，每年三次的廟會活動，鄰近的民眾都常會來此，追思這位明代築城防倭的傳奇人物。

（原始文章刊載於《止善學報》第 12 期，朝陽科技大學通識教育中心，2012 年 6 月，頁 70-86。）

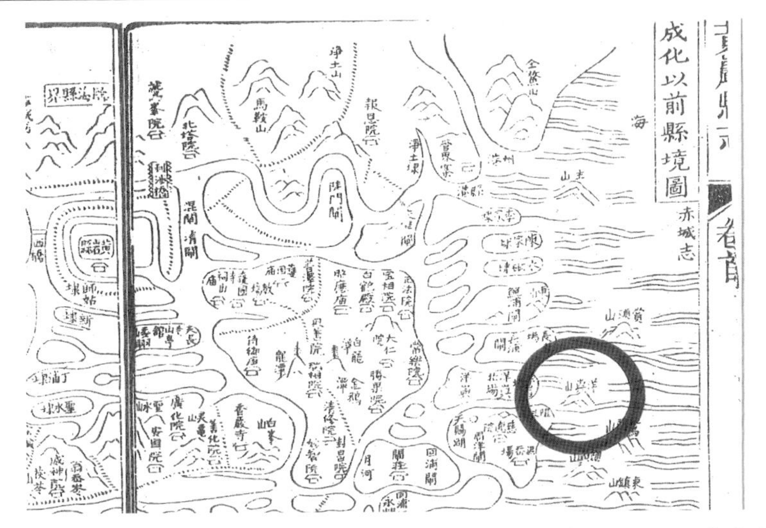


附圖一：明代前期黃巖縣的洋嶼（見右下方處），引自《黃巖縣志》。

信國公東甌湯襄武王和

附圖二：信國公湯和像，引自《三才圖會》。

附圖三：明代金門千戶所城遺跡南面的「文臺寶塔」像，筆者攝。

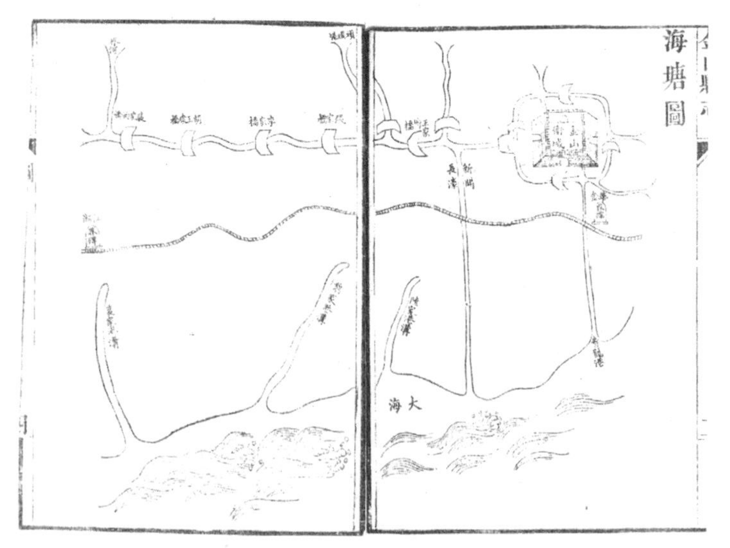


附圖六：金山衛的「海塘圖」，引自龔寶琦修《金山縣志》。

## 明代福建沿海衛所水寨分佈示意圖

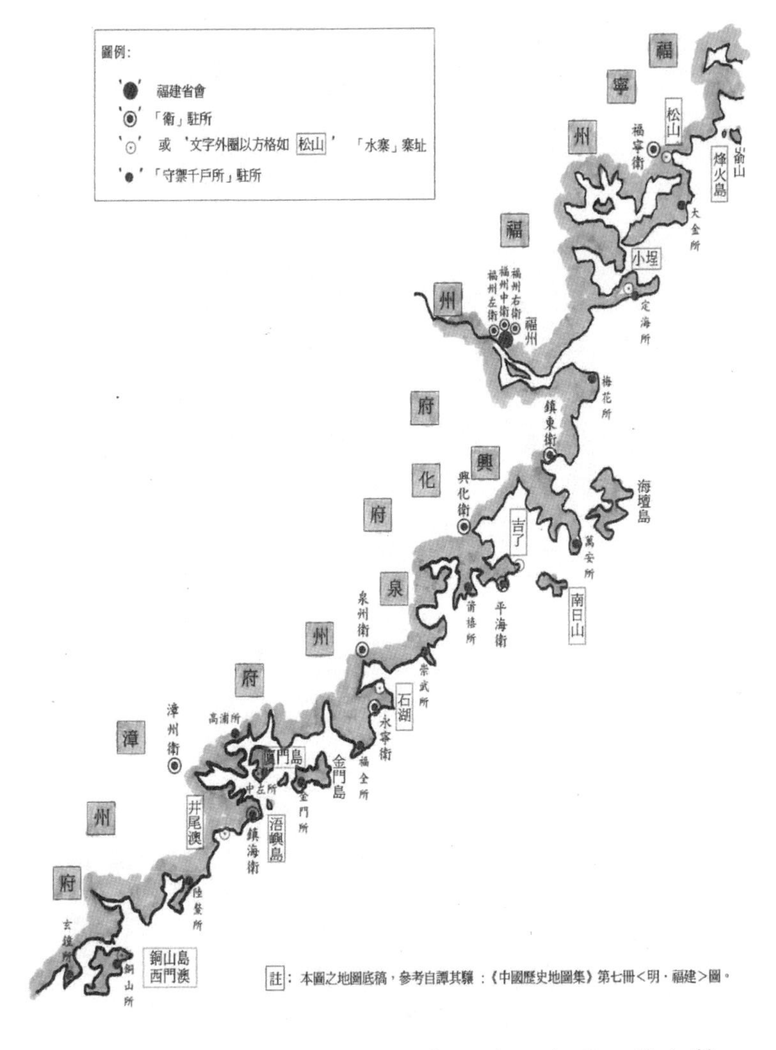


附圖四：明代福建沿海衛所水寨分佈示意圖，筆者製。

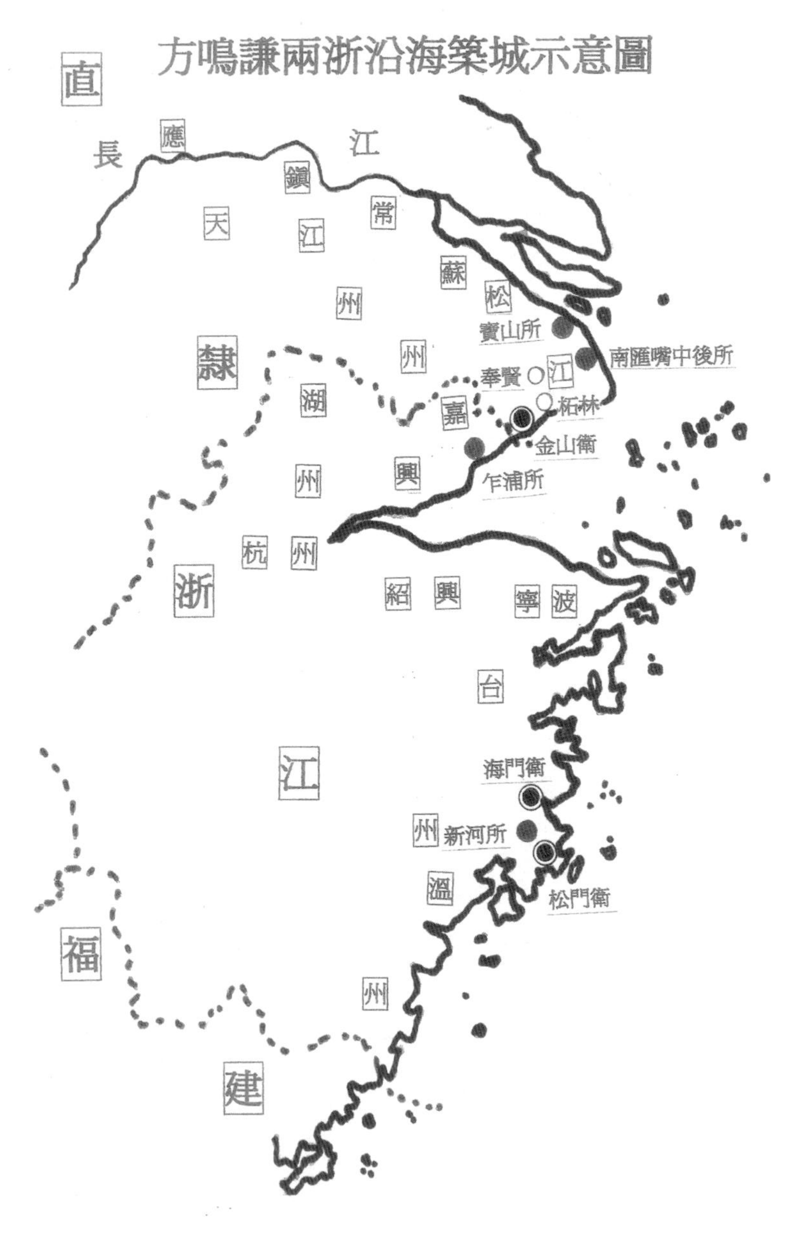


附圖五：方鳴謙兩浙沿海築城示意圖，筆者製。

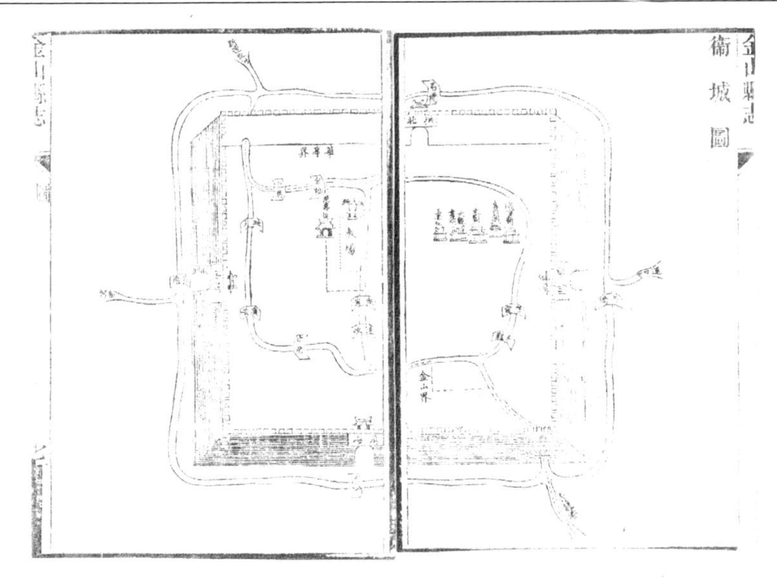


附圖七：金山衛的「衛城圖」，引自龔寶琦修《金山縣志》。

國家圖書館出版品預行編目資料

閩海烽煙：明代福建海防之探索 / 何孟興　著
-- 民國 104 年 6 月 初版. -- 臺北市：蘭臺出版社 -
ISBN：978-986-5633-07-3　(平裝)
1.軍事史 2.海防 3.明代
590.9206　　104007720

臺灣史研究叢書 13

# 《閩海烽煙：明代福建海防之探索》

著　　者：何孟興
執行主編：高雅婷
執行美編：林育雯
封面設計：林育雯
出 版 者：蘭臺出版社
發　　行：蘭臺出版社
地　　址：台北市中正區重慶南路 1 段 121 號 8 樓之 14
電　　話：(02)2331-1675 或(02)2331-1691
傳　　真：(02)2382-6225
E—MAIL：books5w@gmail.com 或 books5w@yahoo.com.tw
網路書店：http://bookstv.com.tw、http://store.pchome.com.tw/yesbooks/
華文網路書店、三民書局　博客來網路書店 http://www.books.com.tw
經　　銷：蘭臺出版社
地　　址：台北市中正區重慶南路 1 段 121 號 5 樓之 11 室
劃撥戶名：蘭臺出版社　帳號：18995335
香港代理：香港聯合零售有限公司
地　　址：香港新界大蒲汀麗路 36 號中華商務印刷大樓
C&C Building, 36,Ting, Lai, Road, Tai,Po, New,Territories
電　　話：(852)2150-2100　　傳真：(852)2356-0735
總 經 銷：廈門外圖集團有限公司
地　　址：廈門市湖裡區悅華路 8 號 4 樓
電　　話：(592)-2230177　　傳真：(892) 5365089
出版日期：中華民國 104 年 6 月 初版
定　　價：新臺幣 380 元整

ISBN　978-986-5633-07-3